普通高等院校机电工程类系列教材

工程材料与机械制造工程学实验教程

主　编　沈剑英
副主编　汤成莉　钟美鹏

清华大学出版社
北京

内 容 简 介

本书为适应新工科教学实践与改革的需要而编写,作为工程材料、机械制造工程学等课程的配套实验教材。主要内容包括工程材料基础实验、金属切削加工实验、机床夹具实验、精密制造实验四部分;实验项目中既有一般的验证性实验,又有综合性实验及拓展实验,且每个实验均配有思考题。

本书主要作为应用型高等学校机械类专业师生的实验教材,也可供有关工程技术人员参考。

版权所有,侵权必究。举报: 010-62782989, beiqinquan@tup.tsinghua.edu.cn。

图书在版编目(CIP)数据

工程材料与机械制造工程学实验教程/沈剑英主编. —北京: 清华大学出版社,2023.12
普通高等院校机电工程类系列教材
ISBN 978-7-302-65056-0

Ⅰ.①工… Ⅱ.①沈… Ⅲ.①工程材料-实验-高等学校-教材 ②机械制造工艺-实验-高等学校-教材 Ⅳ.①TB3-33 ②TH16-33

中国国家版本馆 CIP 数据核字(2023)第 233667 号

责任编辑: 苗庆波
封面设计: 傅瑞学
责任校对: 欧　洋
责任印制: 刘海龙

出版发行: 清华大学出版社
网　　址: https://www.tup.com.cn, https://www.wqxuetang.com
地　　址: 北京清华大学学研大厦 A 座　　邮　编: 100084
社 总 机: 010-83470000　　邮　购: 010-62786544
投稿与读者服务: 010-62776969, c-service@tup.tsinghua.edu.cn
质量反馈: 010-62772015, zhiliang@tup.tsinghua.edu.cn

印　装　者: 艺通印刷(天津)有限公司
经　　销: 全国新华书店
开　　本: 185mm×260mm　　印　张: 8　　字　数: 192 千字
版　　次: 2023 年 12 月第 1 版　　印　次: 2023 年 12 月第 1 次印刷
定　　价: 29.00 元

产品编号: 102306-01

前　言

以新技术、新产业、新业态和新模式为特征的新经济呼唤新工科建设，国家的创新驱动发展和"互联网＋""中国制造2025"等重大战略的实施需要新工科创新人才，产业转型升级和新旧动能转换也需要新工科创新人才，提升国际竞争力和国家硬实力更需要新工科创新人才。

工科创新人才的培养离不开实验教学，实验是培养大学生工程实践能力和创新能力的一条重要途径，能够使学生更好地掌握理论教学的内容，提升学生学习理论知识的效果。所以，实验教学是实现专业培养目标和培养规格的重要组成部分，对于提高人才培养质量具有十分重要的意义。

本书为满足新工科教学实践与改革的需要而编写，注重内容的思想性、科学性、教学适用性。部分实验项目由教师的科研内容转化而来，使实验教学更加先进、科学。本书主要作为工程材料、机械制造工程学等课程的配套实验教材，主要内容分为4章，其中，第1章为工程材料基础实验，第2章为金属切削加工实验，第3章为机床夹具实验，第4章为精密制造实验，合计13个实验项目。

本书由嘉兴大学沈剑英担任主编、嘉兴大学汤成莉和嘉兴南湖学院钟美鹏担任副主编，具体编写分工是：汤成莉、钟美鹏编写了第1章，沈剑英编写了第2～4章。

本书在编写过程中参考了许多相关书籍，在此向这些书籍的作者表示感谢！

由于编者水平有限，书中难免有不当之处，恳请广大读者提出宝贵意见。

编　者

2023年12月

目　　录

第1章　工程材料基础实验 ··· 1

　1.1　金属材料的硬度实验 ··· 1
　　1.1.1　实验目的与要求 ··· 1
　　1.1.2　实验设备与器材 ··· 1
　　1.1.3　实验原理 ··· 1
　　1.1.4　实验步骤 ··· 4
　　1.1.5　实验内容与注意事项 ·· 10
　　1.1.6　实验报告要求 ·· 11
　　1.1.7　思考题 ·· 11
　1.2　铁碳合金平衡组织的显微分析实验 ································ 12
　　1.2.1　实验目的 ·· 12
　　1.2.2　实验设备与器材 ·· 12
　　1.2.3　实验原理 ·· 12
　　1.2.4　实验内容与步骤 ·· 16
　　1.2.5　实验报告要求 ·· 17
　　1.2.6　思考题 ·· 17
　1.3　碳钢的热处理及金相显微试样的制备 ······························ 17
　　1.3.1　实验目的 ·· 17
　　1.3.2　实验设备与器材 ·· 17
　　1.3.3　实验原理与过程 ·· 18
　　1.3.4　实验内容与步骤 ·· 23
　　1.3.5　实验报告要求 ·· 25
　　1.3.6　思考题 ·· 25

第2章　金属切削加工实验 ·· 26

　2.1　车刀几何角度测量实验 ·· 26
　　2.1.1　实验目的 ·· 26
　　2.1.2　实验设备 ·· 26
　　2.1.3　实验原理 ·· 26
　　2.1.4　实验内容和步骤 ·· 29
　　2.1.5　实验报告要求 ·· 31
　　2.1.6　思考题 ·· 32
　2.2　切削力测量实验 ·· 32

2.2.1　实验目的 ……………………………………………………………… 32
　　2.2.2　实验设备 ……………………………………………………………… 32
　　2.2.3　实验原理 ……………………………………………………………… 32
　　2.2.4　实验步骤 ……………………………………………………………… 35
　　2.2.5　实验报告要求 …………………………………………………………… 37
　　2.2.6　思考题 ………………………………………………………………… 37
2.3　刀具切削温度仿真实验 ………………………………………………………… 37
　　2.3.1　实验目的 ……………………………………………………………… 37
　　2.3.2　实验设备 ……………………………………………………………… 38
　　2.3.3　实验原理 ……………………………………………………………… 38
　　2.3.4　实验内容和步骤 ………………………………………………………… 40
　　2.3.5　实验报告要求 …………………………………………………………… 52
　　2.3.6　思考题 ………………………………………………………………… 53
　　附录：APDL 命令流程序 ……………………………………………………… 53
2.4　加工误差统计分析和误差补偿实验 …………………………………………… 55
　　2.4.1　实验目的与要求 ………………………………………………………… 55
　　2.4.2　实验设备 ……………………………………………………………… 55
　　2.4.3　实验原理 ……………………………………………………………… 55
　　2.4.4　实验步骤 ……………………………………………………………… 60
　　2.4.5　数据处理和分析 ………………………………………………………… 62
　　2.4.6　思考题 ………………………………………………………………… 63
2.5　计算机辅助工艺过程设计实验 ………………………………………………… 63
　　2.5.1　实验目的 ……………………………………………………………… 63
　　2.5.2　实验设备 ……………………………………………………………… 63
　　2.5.3　实验原理 ……………………………………………………………… 63
　　2.5.4　实验步骤和方法 ………………………………………………………… 65
　　2.5.5　实验内容 ……………………………………………………………… 73
　　2.5.6　实验报告要求 …………………………………………………………… 75
　　2.5.7　思考题 ………………………………………………………………… 75

第3章　机床夹具实验 ……………………………………………………………… 76
3.1　六点定位和手动夹具实验 ……………………………………………………… 76
　　3.1.1　实验目的与要求 ………………………………………………………… 76
　　3.1.2　实验设备 ……………………………………………………………… 76
　　3.1.3　实验原理 ……………………………………………………………… 76
　　3.1.4　实验内容和步骤 ………………………………………………………… 77
　　3.1.5　实验报告要求 …………………………………………………………… 79
　　3.1.6　思考题 ………………………………………………………………… 79
3.2　基本夹紧夹具实验 ……………………………………………………………… 79

3.2.1 实验目的 …………………………………………………………………… 79
　　3.2.2 实验设备 …………………………………………………………………… 79
　　3.2.3 实验原理 …………………………………………………………………… 79
　　3.2.4 实验内容及步骤 …………………………………………………………… 83
　　3.2.5 实验报告要求 ……………………………………………………………… 89
　　3.2.6 思考题 ……………………………………………………………………… 90
3.3 组合夹具实验……………………………………………………………………… 90
　　3.3.1 实验目的与要求 …………………………………………………………… 90
　　3.3.2 实验设备 …………………………………………………………………… 90
　　3.3.3 实验原理 …………………………………………………………………… 90
　　3.3.4 实验步骤 …………………………………………………………………… 93
　　3.3.5 虚拟仿真装配实例 ………………………………………………………… 93
　　3.3.6 实验内容和要求 …………………………………………………………… 96
　　3.3.7 实验报告要求 ……………………………………………………………… 97
　　3.3.8 思考题 ……………………………………………………………………… 97

第4章　精密制造实验 …………………………………………………………………… 98

4.1 高精度微位移技术实验…………………………………………………………… 98
　　4.1.1 实验目的与要求 …………………………………………………………… 98
　　4.1.2 实验设备 …………………………………………………………………… 98
　　4.1.3 实验原理 …………………………………………………………………… 98
　　4.1.4 实验内容和步骤 …………………………………………………………… 106
　　4.1.5 实验报告要求 ……………………………………………………………… 108
　　4.1.6 思考题 ……………………………………………………………………… 108
4.2 精密微位移平台的设计与制造综合实验 ……………………………………… 108
　　4.2.1 实验目标 …………………………………………………………………… 108
　　4.2.2 实验设备 …………………………………………………………………… 108
　　4.2.3 实验原理 …………………………………………………………………… 109
　　4.2.4 实验内容和步骤 …………………………………………………………… 116
　　4.2.5 实验报告要求 ……………………………………………………………… 117
　　4.2.6 思考题 ……………………………………………………………………… 117

参考文献 ……………………………………………………………………………………… 118

第1章　工程材料基础实验

1.1　金属材料的硬度实验

1.1.1　实验目的与要求

(1) 了解硬度测定的基本原理。
(2) 了解布氏硬度计、洛氏硬度计的主要结构及操作方法。

1.1.2　实验设备与器材

(1) HBE-3000A 型布氏硬度计。
(2) HR-150A 型洛氏硬度计。
(3) JC-10 型读数显微镜或"20×"读数显微镜。
(4) 45、T10 或 T12 钢退火状态试样和 45、T10 或 T12 钢淬火状态试样。

1.1.3　实验原理

衡量金属材料机械性能的指标有强度、塑性、硬度和冲击韧性等。硬度是指金属表面在接触应力的作用下抵抗塑性变形的一种能力。硬度与强度、伸长率等不同,它不是一个单纯的物理量或力学量,而是代表着弹性、塑性、塑性形变强化率、强度、韧性等一系列物理量组合的一种综合性能指标。硬度测量能够给出金属材料软硬程度的数量概念。硬度值越高,表明金属抵抗塑性变形的能力越大,材料产生塑性变形就越困难。硬度实验方法一般简单易行。硬度测定后仅在金属表面局部体积内产生很小的压痕,并不损坏零件,因而适合于成品检验。硬度值对材料的强度、耐磨性、疲劳强度等性能也有定性的参考价值,在机械零件设计图纸上对机械性能的技术要求往往只标注硬度值,其原因就在于此。故在生产、科研实验中,硬度实验是不可或缺的标准实验方法。硬度的实验方法很多,一般分为三类:压力法、划痕法、回跳法。目前生产中使用最多的是静载荷压入法硬度实验,即布氏硬度实验、洛氏硬度实验、维氏硬度实验和显微硬度实验。下面着重介绍布氏、洛氏硬度实验的原理及方法。

1. 布氏硬度(HB)实验的基本原理

如图 1-1(a) 所示,用规定载荷为 P(kgf,1 kgf=9.8 N)的力把直径为 D(mm)的钢球压入试样表面并保持一定的时间,待塑性变形稳定后,卸去载荷,用读数显微镜测出钢球在试样表面所压出的圆形凹痕的直径 d(mm),由 d 计算出凹痕的面积 $F_{凹}$,载荷 P 与凹痕面积 $F_{凹}$ 的比值,即平均单位凹痕面上所受的力 $P/F_{凹}$ 即为布氏硬度值,用符号 HB 表示。

设凹痕深度为 h(mm),由立体几何公式可知,直径为 D,高度为 h 的凹痕面面积为

$$F_{凹} = \pi D h \tag{1-1}$$

则布氏硬度的计算公式为

$$HB = P/F_{凹} = P/(\pi D h) \tag{1-2}$$

实际测量中,凹痕深度 h 很难测准,而凹痕直径 d 较易测准,故可以利用几何关系将凹痕深度 h 用钢球直径和凹痕直径 d 来表示,这可以根据图 1-1(b)中△oab 的关系求出:

$$\frac{1}{2}D - h = \sqrt{\left(\frac{D}{2}\right)^2 - \left(\frac{d}{2}\right)^2}$$

$$h = \frac{1}{2}(D - \sqrt{D^2 - d^2}) \tag{1-3}$$

将式(1-3)代入式(1-2)即得

$$HB = \frac{2P}{\pi D(D - \sqrt{D^2 - d^2})} \tag{1-4}$$

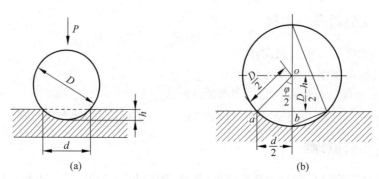

图 1-1 布氏硬度实验原理

(a) 原理图;(b) h 和 d 的关系

金属有硬有软,工件有厚有薄、有大有小,若只采用一种载荷(如 3000 kgf)和钢球直径(如 10 mm),则对硬的金属适合,而对极软的金属不适合,会发生整个钢球陷入金属中的现象;若对于厚的工件适合,则对于薄件会出现压透的可能,所以在测定不同材料的布氏硬度值时就要求有不同的载荷 P 和钢球直径 D。为了得到统一的、可以相互进行比较的数值,必须使 P 和 D 之间维持某一比值关系,以保证所得到的压痕形状的几何相似关系,其必要条件就是使压入角 φ 保持不变。

根据相似原理,由图 1-1(b)可知,d 和 φ 的关系是

$$\frac{D}{2}\sin\frac{\varphi}{2} = \frac{d}{2} \quad \text{或} \quad d = D\sin\frac{\varphi}{2} \tag{1-5}$$

将式(1-5)代入式(1-4)可得

$$HB = \frac{P}{D^2}\left[\frac{2}{\pi\left(1 - \sqrt{1 - \sin^2\frac{\varphi}{2}}\right)}\right] \tag{1-6}$$

式(1-6)说明,当 φ 值为常数时,为使 HB 值相同,P/D^2 也应保持为一定值。因此对同一材料而言,无论采用何种大小的载荷和钢球直径,只要能满足 $\frac{P}{D^2}$ =常数,所得的 HB 值就

是一样的。对于不同材料来说,所得的 HB 值也是可以进行比较的。《金属材料 布氏硬度试验 第 1 部分:试验方法》(GB/T 231.1—2018)规定,根据金属材料的种类和布氏硬度范围,选定 $\dfrac{P}{D^2}$ 值(见表 1-1),从而确定试验条件的 D 值、F 值和保持时间。

表 1-1　不同材料的试验力-压头球直径平方的比率

材　料	布氏硬度 HBW	试验力-球直径平方的比率 $0.102\times F/D^2/(\text{N}/\text{mm}^2)$
钢、镍基合金、钛合金	—	30
铸铁(铸铁试验压头的名义直径应为 2.5 mm、5 mm 或 10 mm)	<140	10
	≥140	30
铜和铜合金	<35	5
	35~200	10
	>200	30
轻金属及其合金	<35	2.5
	35~80	5
		10
		15
	>80	10
		15
铅、锡	—	1

2. 洛氏硬度(HR)实验的基本原理

洛氏硬度试验同布氏硬度一样也属于压入硬度法,但它不是测定压痕面积,而是根据压痕深度来确定硬度值指标,其实验原理如图 1-2 所示。

洛氏硬度实验的压头分为两种:一种是顶角为 120°的金刚石圆锥,另一种是直径为 1.5875 mm 或 3.175 mm 的淬火钢球。根据金属材料的软硬程度不同,可选用不同的压头和载荷配合使用,最常用的是 HRA、HRB 和 HRC。这三种洛氏硬度的压头、载荷及使用范围见表 1-2。

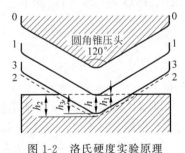

图 1-2　洛氏硬度实验原理

表 1-2　洛氏硬度的实验规范

标度	压头	载荷/kgf	硬度值的有效范围	使用范围
HRA	120°金刚石圆锥	60	70~85	适于测量硬质合金,表面淬火层、渗碳层

续表

标度	压头	载荷/kgf	硬度值的有效范围	使用范围
HRB	1/16″钢球	100	25～100 (60～230 HB)	适于测量有色金属、退火及正火钢
HRC	120°金刚石圆锥	150	20～67 (230～700 HB)	适于测量调质钢、淬火钢

洛氏硬度测定时,需要先后两次施加载荷(预载荷和主载荷),施加预载荷的目的是使压头与试样表面接触良好,以保证测量结果准确。图 1-2 中的 0—0 位置为未加载荷时的压头位置,1—1 位置为加上 10 kgf 预载荷后的位置,此时压入深度为 h_1,2—2 位置为加上主载荷的位置,此时压入深度为 h_2,h_2 包括由加载所引起的弹性变形和塑性变形,卸除主载荷后,由于弹性变形恢复而稍提高到 3—3 位置,此时压头的实际压入深度为 h_3。洛氏硬度就是以主载荷所引起的残余压入深度($h=h_3-h_1$)表示。但这样直接以压入深度的大小表示硬度将会出现硬的金属硬度值小,而软的金属硬度值大的现象,这与布氏硬度所标志的硬度值大小的概念相矛盾。为了与习惯上数值越大硬度越高的概念相一致,采用(k)减回(h_3-h_1)的差值表示硬度值。为了简便起见,又规定每 0.002 mm 压入深度作为一个硬度单位(即刻度盘上的一格)。

洛氏硬度的计算公式为

$$\text{HR} = \frac{k-(h_3-h_1)}{0.002} \tag{1-7}$$

式中,h_1 为预载荷压入试样的深度,mm;h_3 为卸除主载荷后压入试样的深度,mm;k 为常数,采用金刚石圆锥时 $k=0.2$(用于 HRA、HRC),采用钢球时 $k=0.26$(用于 HRB)。

因此,式(1-7)可以改为

$$\text{HRC(或 HRA)} = 100 - \frac{h_3-h_1}{0.002} \tag{1-8}$$

$$\text{HRB} = 130 - \frac{h_3-h_1}{0.002} \tag{1-9}$$

此值为一无名数,HRA、HRB、HRC 互不联系,彼此不能换算。

1.1.4 实验步骤

1. 布氏硬度的测定

1) 布氏硬度测定的技术要求

(1) 试样表面必须平整光洁,以使压痕边缘清晰,保证精确测量压痕直径 d。

(2) 压痕距离试样边缘大于 D(钢球直径),两处压痕之间的距离不小于 D。

(3) 用读数显微镜测量压痕直径 d 时,应从相互垂直的两个方向上进行,并取其算术平均值。

(4) 为了表明实验条件,可在 HB 值后标注 D/P/T,如 HB10/3000/10 即表示此硬度值是在 $D=10$ mm、$P=3000$ kgf、$T=10$ s 的条件下得到的。

2) HBE-3000A 型布氏硬度计的结构和操作

(1) HBE-3000A 型布氏硬度计面板功能介绍

HBE-3000A 型布氏硬度计的面板上有 6 个输入键和力值、保荷时间、加卸荷状态及力值范围按键,输出显示采用 LED 八段数码管及发光二极管。面板的布局如图 1-3 所示。

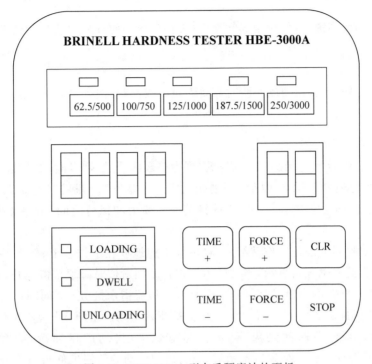

图 1-3 HBE-3000A 型布氏硬度计的面板

布氏硬度实验力级数显示:按照实验要求共有分别为 62.5、100、125、187.5、250、500、750、1000、1500、3000 kgf 共十级实验力,按所选择的载荷对应的发光二极管被点亮。

力值显示:实验时,显示出实际力值(瞬时力值,kgf),如红灯亮即显示红色数字的力值,绿灯亮即显示白色数字的力值。

保荷时间,当加载结束时,保荷时间开始呈倒计时显示,保荷时间的范围为 5~60 s,共 12 挡,一般设在 15 s。

实验状态显示,实验时分为 3 个阶段,即加荷阶段"LOADING"灯点亮,保荷阶段"DWELL"灯点亮,卸荷阶段"UNLOADING"灯点亮。

面板上共设 6 个输入功能键。其中,两个为时间增减键,两个为力值增减键,每按一下即发出"嘟"声,如果选择到最大或最小时,再按一下会发出"嘟——"较长声,表示该值已达到最大值或最小值;还有一个停止键和一个清零键。

|TIME +| 为保荷时间增加键,每按一下,增加 5 s,最大增加至 60 s。

|TIME −| 为保荷时间减少键,每按一下,减少 5 s,最小减少至 5 s。

|FORCE +| 为力值增加键,每按一下,力值增加一级,最大力值增加至 3000 kgf。

`FORCE −` 为力值减少键,每按一下,力值减少一级,最小力值减少至 62.5 kgf。

`CLR` 为清零键,当负荷全部卸除后(工件与压头脱开),力值显示还有余值,用该键置零。

`STOP` 为停止键,做硬度实验时需要停止则按此键,按此键后,仪器停止加荷并回到起始位置。

(2) 操作程序

打开电源开关,面板显示 A~0 倒记数,到力值数码管显示"0"时,杠杆自动调整进入工作起始位置,如力值数码管有残值,则要清除(按清零键)。开机时力值设定在 2450 N (250 kgf)位置,时间设定在 15 s。如要选择其他实验力和保荷时间,请参阅操作面板功能介绍。

实验前针对仪器的准备工作就绪后,将试件平稳地放在工作台上,转动手轮,在工件接触压头的同时实验力也开始显示,当实验力接近自动加荷值时必须缓慢上升,到达自动加荷值时,仪器会发出"嘟"的响声,同时停止转动手轮,加荷指示灯"LOADING"点亮,负荷自动加载,运行到达所选定的力值时,保荷开始,保荷指示灯"DWELL"点亮,加荷指示灯熄灭,并进入倒计时。待保荷时间结束,保荷指示灯熄灭,自动进行卸荷,同时卸荷指示灯"UNLOADING"点亮,卸荷结束后指示灯熄灭,反向转动旋轮使工件与压头分离,杠杆回到起始位置,一次实验结束。

逆时针转动手轮降下工作台,取下试样,用读数显微镜测出压痕直径 d 值。实验后压痕直径应满足 $0.25D < d < 0.6D$,否则实验结果无效,应考虑换用其他载荷重做实验。

根据压痕直径、负荷大小和钢球直径按式(1-4)计算布氏硬度值。

注意:每次更换钢球或进行大批实验前,必须用标准硬度块检验仪器。在硬度块表面的不同部位进行 3 次硬度实验,然后取其算术平均值。该值不能超过标准硬度块硬度值的 $\pm 3\%$。

HBE-3000A 型布氏硬度计的实验力共有 10 级,其中 62.5~250 kgf 为第一挡,自动加荷值为 30 kgf;500~3000 kgf 为第二挡,自动加荷值为 90 kgf。

2. 洛氏硬度的测定

1) 测定洛氏硬度的技术要求

(1) 根据被测金属材料的硬度高低,按表 1-2 的规范选定压头和载荷。

(2) 加荷时一定要平稳,防止用力过猛及摆动砝码。

(3) 试样表面应平整光洁,不得有氧化皮或油污及明显的加工痕迹。

(4) 两相邻压痕及压痕离试样边缘的距离均不应小于 3 mm。

(5) 加载时力的作用线必须垂直于试样表面。

(6) 试样或表面层的最小厚度应不小于压入深度的 10 倍。实验之后,试样支撑面上不得有显著的变形痕迹,试样的最小厚度可查表 1-3。试样最小厚度的确定取决于其预期硬度值。表 1-3 所列的大约厚度数值可供使用不同标尺、实验不同硬度金属时参考。

表 1-3 试样的最小厚度

标尺名称	洛氏硬度值/mm	试样最小厚度/mm	标尺名称	洛氏硬度值/mm	试样最小厚度/mm
A	70	0.7	B	80	1.0
A	80	0.5	B	90	0.8
A	90	0.4	B	100	0.7
B	25	2.0	C	20	1.5
B	30	1.9	C	30	1.3
B	40	1.7	C	40	1.2
B	50	1.5	C	50	1.0
B	60	1.3	C	60	0.8
B	70	1.2	C	67	0.7

2）洛氏硬度计的结构和操作

HR-150A 型洛氏硬度计的结构如图 1-4 所示，主要包括以下几部分：

（1）机体及工作台。HR-150A 型洛氏硬度计有坚固的铸铁机体，在机体前面安装有不同形状的工作台，通过手轮的转动，借助螺杆的上下移动可使试台上升或下降。

（2）加载机构。加载机构由加载杠杆（横杠）及挂重架（纵杠）等组成，通过杠杆系统可将载荷传至压头而压入试样。

（3）千分表指示盘。千分表指示盘用于指示各种不同的硬度值。

HR-150A 型洛氏硬度计的操作规程如下：

（1）根据试样的预期硬度按表 1-2 确定压头和载荷，并装入硬度计，顺时针转动变荷手轮，确定总实验力。

（2）当使用金刚石压头时，用中指顶住金刚石头部，轻轻地朝压头杆孔中推进，贴紧支承面，把压头止紧螺钉略微拧紧，然后将被测试件置于试台上。

（3）顺时针转动手轮，升降螺杆上升，应使试件缓慢无冲击地与压头接触，直至硬度计百分表的小指针从黑点移到红点，与此同时长指针转过三圈垂直指向"C"处，此时已施加了 98.07 N 初实验力，长指针偏移不得超过 5 个分度值，若超过此范围不得倒转，应更换测点位置重做。

（4）转动硬度计指示盘，使长指针对准"C"位。

（5）将加卸实验力手柄缓慢向后推，保证主实验力在 4～6 s 施加完毕。总实验力保持时间为 10 s，然后将加卸实验力手柄在 2～3 s 平稳地向前拉，卸除主实验力，保留初实验力。此时，硬度计百分表指针所指数据即为被测试件的硬度值。

（6）反向旋转升降螺杆的手轮，使试台下降，更换测试点，重复上述操作。

注意：每个试样或制品的实验次数不得少于 3 次，并应记录每次的读数或采用读数范围作为金属的洛氏硬度值，亦可根据技术条件要求取 3 次实验结果的算术平均值。每次更换压头、载样台或支座之后的最初两次实验结果不能采用。

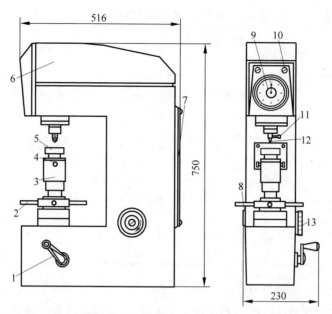

1—加卸实验力手柄；2—手轮；3—保护罩；4—螺钉；5—试台；6—上盖；7—后盖；8—缓冲器调节盖板；9—指示盘；10—上盖螺钉；11—压头止紧螺钉；12—压头；13—变荷手轮。

图 1-4　HR-150A 型洛氏硬度计结构

3）读数显微镜的使用

（1）"20×"读数显微镜

① 结构。"20×"读数显微镜的结构示意图如图 1-5 所示。

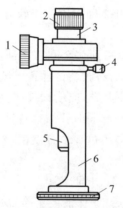

1—读数鼓轮；2—目镜调节套；3—测微目镜组；4—镜筒锁紧螺丝；5—物镜筒；6—长镜筒；7—镜筒底座。

图 1-5　"20×"读数显微镜的结构

② 使用方法。将读数显微镜置于硬度块或试件上，在长镜筒的缺口处用自然光或灯光照明。在视场中应同时看清分划板上的字和刻线，如感觉压痕不清晰，可转动目镜调节套调至清晰。硬度块或试件上的压痕应同时清晰，这在出厂时已调整好。

进行测量时，转动读数鼓轮，在读数鼓轮的圆周上刻有 0～90 的数字和 100 格线条，每一小格为 0.005 mm，转动鼓轮一圈为 0.5 mm。

目镜内有两块分划板,在固定分划板上刻有 0~8 的数字,每个数字间隔为 1 mm。分划板刻线如图 1-6 所示。在移动分划板上刻有用于测量的黑色刻线。

在鼓轮开始转动后,刻有黑线的分划板开始移动,此时可对压痕进行测量。测量时先将一刻线的内侧与压痕直径的一边相切,记录测得的数据,然后再转动鼓轮,移动刻线到压痕直径的另一边,同样,将刻线的内侧与压痕直径的一边相切,再记录测得的数据。

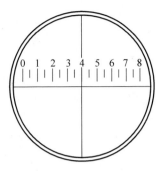

图 1-6　分划板刻线示意图

测试举例：将一打好布氏硬度压痕的硬度块或试件平稳地放在工作台上,然后把读数显微镜放在硬度块或试件上,在视场中可见一被放大的布氏压痕。如图 1-7 所示,测量时,先转动读数鼓轮使视场中分划板的黑色刻线内侧与压痕的直径一边相切,得一读数 2.970 mm,然后再转动读数鼓轮(2.970 mm 是这样读取的,2 是分划板上直接读取的,0.970 是鼓轮转动一圈又 94 格即 194.2 格乘 0.005 mm 得到的),使黑色刻线的内侧与压痕直径的另一边相切,又得一读数 4.000 mm,则压痕直径为两次读数之差,将读数显微镜旋转 90°,在压痕垂直方向按上述方法测量,得到压痕的另一直径为 1.031 mm,两次压痕直径的平均值即为直径的数值。但在计算时应注意,因为分划板上 0~8 的数值的间隔是 1 mm,中间刻的短线为 0.5 mm,鼓轮的每一小格为 0.005 mm,一圈为 100 格,即 0.5 mm。读数时毫米数直接读取,鼓轮上的格数乘以 0.005 mm。于是有

$$4.000 - (2 + 0.005 \times 194.2) \text{ mm} = 1.029 \text{ mm}$$
$$(1.029 + 1.031) \div 2 \text{ mm} = 1.030 \text{ mm}$$

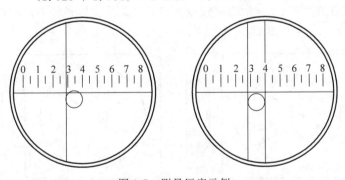

图 1-7　测量压痕示例

(2) JC-10 型读数显微镜

① 结构。JC-10 型读数显微镜的结构如图 1-8 所示。

② 工作原理。由丝杆测微器推动带有十字交叉双刻线的分划板在目镜固定分划尺上做平行于 X 方向的移动,丝杆沿轴向移动 1 mm 距离,鼓轮的分值为 0.01 mm。测量时在目视场内移动带有十字交叉和双刻线的分划板瞄准被测物经物镜放大后在目视场固定分划尺上的成像,通过目视场内的固定分划尺读取被测两点的整数值加上鼓轮上的小数值即为被测两点的读数值,两次读数值之差除以物镜放大倍数即为实际被测物的大小。

③ 使用方法。将读数显微镜放在被测物表面上,镜座缺口朝向光线射来的方向,按住

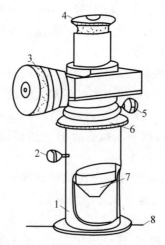

1—镜座;2—调焦锁紧螺钉;3—测微鼓轮;4—目镜;5—固定螺丝;6—镜座调焦环;
7—物镜;8—物平面。

图 1-8 JC-10 型读数显微镜结构

镜座调节目镜,将目镜视场中的分划线调节清晰,转动镜座调焦环使被测物经物镜放大清晰地成像在目镜分划尺上,松开镜座固定螺丝,对好被测物再次锁紧。转动测微鼓轮,用带有十字交叉和双划线的分划板瞄准被测物像需要测量区域的边界,读取固定尺上的整数加上测微鼓轮上的尾数值即为被测物像边界的起始点读数 a(见图 1-9 中 $a=5.36$ mm),然后再转动测微鼓轮,使带有十字交叉和双划线分划板瞄准需要测量区域的另一端边界,读取固定尺上的整数值加上测微鼓轮上的尾数值即为被测物像边界的终点读数 b(见图 1-9 中 $b=4.50$ mm),两读数值之差 $a-b$ 除以物镜放大倍数 2 即为实际被测物的测量值,如图 1-9 中的测量值为 $(a-b)\div 2=0.43$ mm。

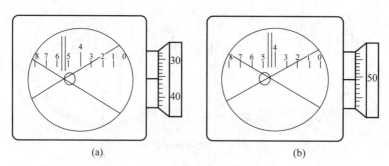

图 1-9 JC-10 型读数显微镜测量实例
(a) a 的读数;(b) b 的读数

1.1.5 实验内容与注意事项

1. 实验内容

(1) 测定退火状态的中碳钢(45)和高碳钢(T10 或 T12)的布氏硬度。

(2) 测定中碳钢(45)和高碳钢(T10 或 T12)淬火状态的洛氏硬度(HRC)。

2. 注意事项

(1) 试样两端要平行,表面应平整,以保证被测表面与压头轴线(加力方向)垂直。试样表面应清理光洁,不应有铁锈、氧化皮、油污及其他污物。

(2) 在测试前,应先检查压头和载荷正确后,再进行操作。

(3) 操作必须认真、细心,加初负荷、主负荷和卸载时动作要缓慢,避免产生冲击力,以防止出现较大的测量误差及损坏机件。

(4) 安放及取下试件前,必须先降下工作台,使之远离压头,防止试件与压头撞击而损坏贵重的压头。

1.1.6 实验报告要求

(1) 明确本次实验的目的。

(2) 简述布氏和洛氏硬度实验原理。

(3) 写出实验设备、仪器及实验材料。

(4) 写出实验操作步骤。

(5) 测定 45、T10(或 T12)钢退火状态试样的布氏硬度值,在填写表 1-4 之前,请写出实验中测得的试样凹痕直径及布氏硬度值计算过程。

表 1-4 退火试样的布氏硬度值

材料	状态	钢球直径 /mm	载荷 P/kgf	P/D^2	HB 值			
					第一次	第二次	第三次	平均
45 钢								
T10 或 T12 钢								

(6) 测定 45 钢淬火和 T10(或 T12)钢淬火试样的洛氏硬度值,填入表 1-5 中。

表 1-5 淬火试样的洛氏硬度值

材料	状态	压头	载荷/kgf	HRC			
				第一次	第二次	第三次	平均
45 钢							
T10 或 T12 钢							

(7) 分析实验结果。

1.1.7 思考题

(1) 测量 HB 和测量 HRC 的实验原理有何异同?

(2) 测量 HB 和测量 HRC 各有什么优、缺点?各自适合什么范围?举例说明 HB 和 HRC 适于测定的材料。

1.2 铁碳合金平衡组织的显微分析实验

1.2.1 实验目的

（1）研究和了解铁碳合金（碳钢及白口铸铁）在平衡状态下的显微组织。

（2）分析成分（含碳量）对铁碳合金显微组织的影响，从而加深理解成分、组织和性能之间的相互关系，并初步掌握用组织相对量来估算碳钢大致含碳量的方法。

（3）进一步熟悉金相显微镜的使用方法及组织示意图的描绘技能。

1.2.2 实验设备与器材

（1）4×C 型金相显微镜。

（2）金相试样。

1.2.3 实验原理

平衡状态的显微组织是指铁碳合金在极其缓慢的冷却条件下（如退火状态，即接近平衡状态）所得到的组织。从图 1-10 所示 Fe-Fe$_3$C 合金相图上可以看出，所有碳钢和白口铸铁的室温组织均由铁素体（F）和渗碳体（Fe$_3$C）两个基本相组成。但是由于含碳量不同，铁素体和渗碳体的相对数量、析出条件、形态、尺寸、大小及分布情况均不同，因而呈现出各种不同的组织。

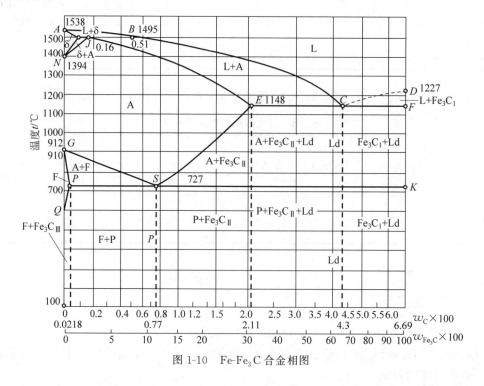

图 1-10 Fe-Fe$_3$C 合金相图

用浸蚀剂浸蚀后的碳钢和白口铸铁在金相显微镜下具有以下几种基本组织组成物：

(1) 铁素体(F)。铁素体是碳在 α-Fe 中的间隙固溶体。铁素体为体心立方晶格,具有磁性及良好的塑性,硬度较低。用 4% 的硝酸酒精溶液浸蚀后,在显微镜下呈现明亮的等轴晶粒(见图 1-11),亚共析钢中的铁素体呈块状分布,当含碳量接近共析成分时,铁素体则呈断续的网状分布于珠光体周围。

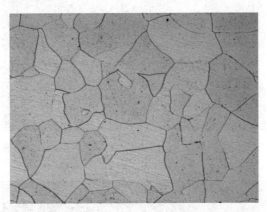

图 1-11 工业纯铁的显微组织(500×)(用 4% 的硝酸酒精溶液浸蚀)

(2) 渗碳体(Fe_3C)。渗碳体是铁与碳形成的一种复杂结构的间隙化合物,其碳含量为 6.69%,质硬而脆,耐腐蚀性强,经 4% 的硝酸酒精溶液浸蚀后,渗碳体呈亮白色,若用苦味酸钠溶液浸蚀,则渗碳体能被染成暗黑色或棕红色,而铁素体仍为白色,由此可以区别铁素体与渗碳体。按照成分和形成条件不同,渗碳体可以分为不同的形态,其中一次渗碳体(Fe_3C_I)是直接由液相中结晶出的,故在白口铸铁中呈粗大的条片状;二次渗碳体(Fe_3C_{II})是从奥氏体中析出的,往往呈网络状沿奥氏体晶界分布;三次渗碳体(Fe_3C_{III})是从铁素体中析出的,通常呈不连续薄片状存在于铁素体晶界处,数量极微,可忽略不计。珠光体中的渗碳体称为共析渗碳体,莱氏体中的渗碳体称为共晶渗碳体。

(3) 珠光体(P)。珠光体是奥氏体产生共析转变的产物,是铁素体和渗碳体的机械混合物。在一般退火处理的情况下,珠光体是由铁素体与渗碳体相互混合交替排列形成的层片状组织。当放大倍数较低时,只能看到一团团深浅不同的暗黑色块状连成一片。当高倍数观察时,则可以看到它是由一层铁素体和一层渗碳体组成的黑白相间排列的片层组织,与人的指纹相似,如图 1-12 所示。

(4) 莱氏体(Ld)。莱氏体是液相产生共晶反应的产物,由奥氏体和渗碳体组成。随着温度的下降,奥氏体会析出 Fe_3C_{II} 并产生共析转变,所以其室温下为珠光体及二次渗碳体及共晶渗碳体组成的机械混合物,称为变态莱氏体(Ld')。莱氏体的显微组织特征是在亮白色的渗碳体基体上相间地分布着暗黑色斑点及细条状的珠光体,二次渗碳体和共晶渗碳体连在一起,从形态上难以区分变态莱氏体的金相组织特征,如图 1-13 所示。

根据组织特点及碳含量的不同,铁碳合金可分为工业纯铁、钢和铸铁三大类。

(1) 工业纯铁

纯铁在室温下具有单相铁素体组织,含碳量低于 0.02% 的铁碳合金通常称为工业纯铁,如图 1-11 所示。

图 1-12 T8 钢的显微组织(500×)(用 4%的硝酸酒精溶液浸蚀)

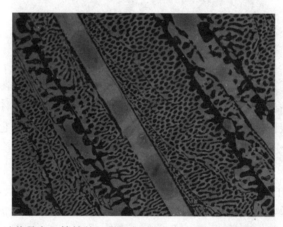

图 1-13 过共晶白口铸铁的显微组织(500×)(用 4%的硝酸酒精溶液浸蚀)

(2) 钢

含碳量低于 2.11%的铁碳合金称为钢,根据其成分及显微组织的不同,又可以分为亚共析钢、共析钢和过共析钢三类。

① 亚共析钢。亚共析钢的含碳量为 0.02%～0.77%,其组织由先共析铁素体和珠光体组成,随含碳量的增加,铁素体的数量逐渐减少,而珠光体的数量逐渐增加,两者的相对量可由杠杆定律求得。另外,可以直接在显微镜下观察珠光体和铁素体各自所占面积的百分数,近似地计算出钢的碳含量。由于铁素体中溶碳量十分微小,可忽略不计,将其看作纯铁,因此可以认为钢中含的碳均存在于珠光体中。$w_C \approx A_p \times 0.77\%$,其中 A_p 为珠光体所占面积的百分比。

例如,在某一亚共析钢的显微组织中,珠光体的相对面积约为 70%(其余 30%为先共析铁素体),则该钢的含碳量为 $w_C \approx 0.77\% \times 70\% = 0.54\%$。由此可知该亚共析钢应为 55 钢,这是金相检验时常用的含碳量近似估计法。图 1-14、图 1-15 所示为亚共析钢(20 钢和 45 钢)的显微组织,其中亮白色的为铁素体,暗黑色的为珠光体。

② 共析钢。含碳量为 0.77%的碳钢称为共析钢,它由单一的珠光体组成,其组织如图 1-12 所示。

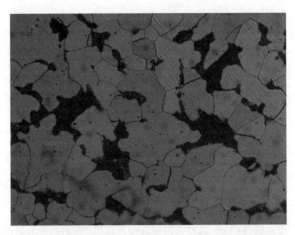

图 1-14　20 钢的显微组织(500×)(用 4%的硝酸酒精溶液浸蚀)

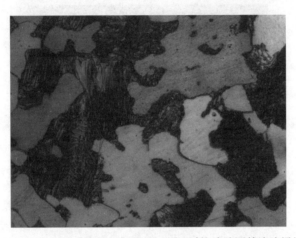

图 1-15　45 钢的显微组织(500×)(用 4%的硝酸酒精溶液浸蚀)

③ 过共析钢。含碳量超过 0.77%的碳钢称为过共析钢,它在室温下的组织由珠光体和二次渗碳体组成。钢中含碳量越多,二次渗碳体的数量就越多。图 1-16 所示为过共析钢(T12 钢)的显微组织,其组织形态为层片相间的珠光体和细小的网络状二次渗碳体。

(3) 铸铁

铸铁可以分为以下三类:

① 亚共晶白口铸铁。含碳量低于 4.3%的白口铸铁称为亚共晶白口铸铁。在室温下亚共晶白口铸铁的组织为珠光体、二次渗碳体和变态莱氏体,如图 1-17 所示。

② 共晶白口铸铁。含碳量为 4.3%的白口铸铁称为共晶白口铸铁。它在室温下的组织由单一的莱氏体组成,如图 1-18 所示,亮白色的为渗碳体,暗黑色细条状及斑点状的为珠光体。

③ 过共晶白口铸铁。含碳量大于 4.3%的白口铸铁称为过共晶白口铸铁。在室温时过共晶白口铸铁的组织由一次渗碳体和莱氏体组成,如图 1-13 所示,暗色斑点状的莱氏体基体上分布着亮白色粗大条片状的一次渗碳体。

图 1-16　过共析钢(T12)的显微组织(500×)(用 4% 的硝酸酒精溶液浸蚀)

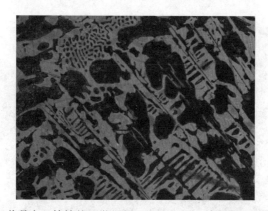

图 1-17　亚共晶白口铸铁的显微组织(500×)(用 4% 的硝酸酒精溶液浸蚀)

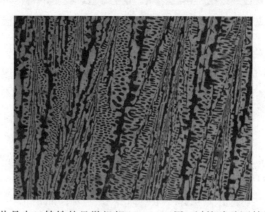

图 1-18　共晶白口铸铁的显微组织(500×)(用 4% 的硝酸酒精溶液浸蚀)

1.2.4　实验内容与步骤

1. 实验内容

(1) 观察下列铁碳合金的平衡组织。熟悉钢和铸铁的平衡组织的特征,以进一步建立成分与组织之间相互关系的概念。

20钢、45钢、T8钢、T12钢、亚共晶白口铸铁、共晶白口铸铁、过共晶白口铸铁。

（2）描绘上述前五个试样的组织示意图。

2．实验步骤

（1）实验前复习书中有关部分内容及预习实验指导书，为实验做好理论上的准备。

（2）逐个观察上述金相试样的显微组织，并根据其组成物的相对含量近似估算亚共析钢（45钢）中的平均含碳量。

（3）绘出以上试样的组织示意图。

3．注意事项

（1）进入金相显微镜室及使用金相显微镜时，必须遵循实验室中金相显微镜的操作方法及注意事项。

（2）移动载物台，选择最佳而有代表性的视场，画出典型区域的组织特征，注意不要将磨痕或腐蚀斑点画在图上。

（3）金相试样的磨面必须爱护，不得划伤，不得用手去摸磨面，以免弄脏试样。

1.2.5　实验报告要求

（1）明确本次实验目的。

（2）简述实验原理。

（3）写出实验设备、仪器及实验材料。

（4）写出实验操作步骤。

（5）画出所观察过的组织，并注明材料名称、状态、组织、放大倍数及浸蚀剂。显微组织画在直径为30 mm的圆内，并将组织组成物的名称以箭头引出标明。

（6）估算45钢试样显微组织中的珠光体所占的面积百分数，标出面试样的平均含碳量。

（7）简要说明含碳量对碳钢平衡组织的影响。

1.2.6　思考题

（1）随着含碳量的增加，铁碳合金的组织经历了哪些变化？

（2）含碳量的增加对钢的硬度、强度、韧性、塑性有何影响？

1.3　碳钢的热处理及金相显微试样的制备

1.3.1　实验目的

（1）了解碳钢的热处理（淬火）工艺方法和操作过程。

（2）了解碳钢淬火后的组织和性能。

（3）学会制备金相显微试样。

1.3.2　实验设备与器材

（1）SX2-10-13型箱式电炉及KSY-12-16S型控温仪表。

(2) HR-150A 型洛氏硬度计。
(3) 冷却剂：水。
(4) 试样：45 钢、T10 钢。
(5) 4×C 型台式金相显微镜碳钢试样、玻璃板、金相砂纸（每人一套）。
(6) 抛光机、抛光液（Al_2O_3 水溶液）、化学浸蚀剂（4%的硝酸酒精溶液）、无水酒精、脱脂药棉、电吹风。

1.3.3 实验原理与过程

热处理是一种很重要的金属加工工艺方法，也是充分发挥金属材料性能潜力的重要手段。热处理的主要目的是改变钢的性能，其中包括使用性能及工艺性能。钢的热处理工艺特点是将钢加热到一定的温度，保温一定的时间，然后以一定的速度冷却下来，这样的工艺过程能使钢的性能发生改变（见图 1-19）。热处理之所以能使钢的性能发生显著变化，主要是其内部组织结构发生了变化。

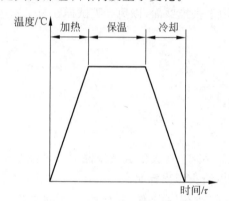

图 1-19 热处理工艺曲线示意图

1. 钢的热处理的基本工艺方法

1）钢的退火和正火

完全退火操作是将亚共析钢工件加热到 Ac_3 以上 30～50 ℃，保温一定的时间后，随炉缓慢冷却（或埋在砂中或石灰中冷却）至 500 ℃ 以下，在空气中冷却。

球化退火主要用于共析钢、过共析钢和合金工具钢，即把工件加热到 Ac_1 以上 20～40 ℃，保温一定的时间后，打开炉门比较快地冷却到 Ar_1 以下 20 ℃ 左右，进行较长时间的等温，渗碳体便自发地趋于球状，然后出炉空冷。

正火则是将钢加热到 Ac_3 或 Ac_{cm} 以上，即低碳钢为 Ac_3＋(100～150 ℃)，中碳为 Ac_3＋(50～100 ℃)，高碳钢为 Ac_{cm}＋(30～50 ℃)，保温后进行空冷。由于冷却速度稍快，与退火组织相比，组织中的珠光体相对量较多，且片层较细密，所以性能有所改善。不同含碳量的碳钢在退火及正火后的硬度值见表 1-6。

表 1-6 碳钢在退火及正火后的硬度值

碳钢		结构钢	工具钢	
钢中的含碳量	≤0.25%	0.25%～0.65%	0.65%～0.85%	0.7%～1.3%
退火	HB≤150	150～220 HB	220～229 HB	187～217 HB
正火	HB≤156	156～228 HB	230～280 HB	220～341 HB

金属硬度在 170～230 HB 时，切削性能较好。从表 1-6 中可以看出，低、中碳素结构钢以正火作为预先热处理比较合适，高碳钢则以球化退火较稳妥。

对于网状渗碳体严重的高碳钢，在球化退火前采用正火的方法可以消除网状渗碳体。

2）钢的淬火

所谓淬火就是将钢加热到 Ac_3（亚共析钢）或 Ac_1（共析钢、过共析钢）以上 30～50 ℃，保温后放入不同的冷却介质中快速冷却($V_冷 > V_临$),以获得马氏体组织。含碳量高于 0.4%的碳钢经淬火后的组织由马氏体及一定数量的残余奥氏体组成。

(1) 淬火温度的选择

亚共析钢的淬火加热温度为 $Ac_3+(30\sim50\ ℃)$。若加热温度不足(低于 Ac_3),则淬火组织中会出现先共析铁素体而造成强度及硬度降低。

过共析钢的加热温度为 $Ac_1+(30\sim50\ ℃)$,淬火后可得到细小的马氏体与粒状渗碳体。粒状渗碳体的存在可提高钢的硬度和耐磨性。过高的加热温度(超过 Ac_{cm})不仅无助于强度、硬度的增加,还会由于产生了过多的残余奥氏体而导致硬度和耐磨性下降。

需要指出,无论是退火、正火还是淬火,均不能任意提高加热温度,因为温度过高晶粒容易长大,增加氧化脱碳和变形的倾向。常用钢种的临界温度见表1-7。

表 1-7 各种碳钢的临界温度(近似值)

类别	钢号	临界温度			
		Ac_1	Ac_3 或 Ac_{cm}	Ar_1	Ar_3
碳素结构钢	40	724	790	680	796
	45	724	780	682	760
	50	725	760	690	750
	60	727	766	695	721
碳素工具钢	T7	730	770	700	743
	T8	730	—	700	—
	T10	730	800	700	—
	T12	730	820	700	—

(2) 保温时间的确定

加热时间与钢的成分、工件的形状、尺寸及加热介质、加热方法等因素有关,一般按照经验公式进行估算。碳钢在箱式电炉中的加热时间列于表1-8。根据本实验的具体条件拟按试样的有效厚度以 1 min/mm 计算为宜。

表 1-8 碳钢在箱式炉中加热时间的确定

加热温度/℃	工件形状		
	圆柱形	方形	板形
	保温时间		
	1 min/mm 直径	1 min/mm 厚度	1 min/mm 厚度
700	1.5	2.2	3.0
800	1.0	1.5	2.0
900	0.8	1.2	1.6
1000	0.4	0.6	0.8

实验室中通常按工作有效厚度,用经验公式计算加热时间:

$$t = \alpha D T \tag{1-10}$$

式中,t 为加热时间,min;α 为加热系数,min/mm;D 为工件的有效厚度,mm;T 为装炉条件修正系数,可在 1.0~1.5 选取。

(3) 冷却速度的影响

冷却时应使冷却速度大于临界冷却速度,以保证获得马氏体组织,在这个前提下应尽量缓慢冷却,以减少内应力,防止变形和开裂。例如,45 钢、共析钢可根据连续转变曲线图(又称 CCT 图)进行选择冷却的速度(见图 1-20 和图 1-21)。淬火时,钢在过冷奥氏体最不稳定的范围内(650~530 ℃)的冷却速度应大于临界冷却速度,以保证工件不转变为珠光体型组织;而在 M_s 点附近的冷却速度应尽可能低,以降低淬火内应力,减少工件变形与开裂。因此,淬火时除了选用合适的淬火冷却介质外,还应改进淬火方法。对形状简单的工件,常采用简易的单液淬火法,碳钢用水或盐水溶液作为冷却介质,合金钢常用油作为冷却介质。

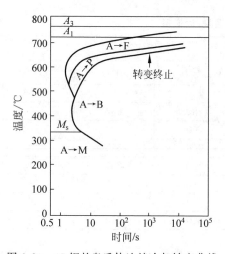

图 1-20 45 钢的奥氏体连续冷却转变曲线

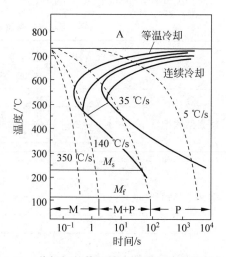

图 1-21 共析钢的等温转变曲线与连续转变曲线

3) 钢的回火

钢经淬火后得到的马氏体组织质硬而脆,组织不稳定,并且工件内部存在很大的内应力,因此淬火钢必须进行回火处理。不同的回火工艺可以使钢获得所需的各种不同性能。表 1-9 为 45 钢淬火后经不同温度回火后的组织及性能。

表 1-9 45 钢经淬火及不同温度回火后的组织和性能

类型	回火温度/℃	回火后的组织	回火后的硬度/HRC	性能特点
低温回火	150~250	回火马氏体+残余奥氏体	60~54	高硬度、内应力减少
中温回火	350~500	回火屈氏体	35~45	硬度适中,有高的弹性
高温回火	500~650	回火索氏体	20~33	具有良好的塑性、韧性和一定强度相配合的综合性能

对于碳钢来说,回火工艺的选择主要是考虑回火温度和保温时间这两个因素。

(1) 回火温度

在实际生产中通常以图纸上所要求的硬度作为选择回火温度的依据。各种钢材的回火温度与硬度之间的关系可从有关手册中查得。现将几种常用的碳钢回火温度与硬度的关系列于表 1-10。

表 1-10 各种不同温度回火后的硬度值（HRC）

回火温度/℃	45 钢	T8 钢	T10 钢	T12 钢
150～200	60～54	64～60	64～62	65～62
200～300	54～50	60～55	62～56	65～57
300～400	50～40	55～45	56～47	57～49
400～500	40～33	45～35	47～38	49～38
500～600	33～24	35～27	38～27	38～28

注：由于具体处理条件不同，上述数据仅供参考。

也可以采用经验公式近似地估算回火温度。例如，45 钢的回火温度经验公式为

$$t(℃) \approx 200 + K(60 - X) \tag{1-11}$$

式中，K 为系数，当回火后要求的硬度值大于 30HRC 时，$K=11$，要求的硬度值小于 30HRC 时，$K=12$；X 为所要求的硬度值，HRC。

（2）回火保温时间的确定

回火保温时间与工件材料、尺寸及工艺条件等因素有关，通常为 1～2 h。可按试样的有效厚度以 2 min/mm 来计算保温时间，如计算出的保温时间不足 1 h，则必须保温 1 h。

2. 金相显微试样的制备方法

金相显微试样的制备一般分为取样、磨制、抛光、浸蚀四个步骤，下面分别简要说明。

1) 取样

金相试样的选取应根据研究的目的选取其具有代表性的部位。例如，检验和分析焊接件应包括整个焊缝、两侧热影响区和母材基体。在分析失效零件的损坏原因时，除了在损坏部位取样外，还需要在距破坏处较远的部位截取试样，以便比较。对于轧制和锻造材料则应同时截取横向（垂直于轧制方向）及纵向（平行于轧制方向）金相试样，以便分析比较表层缺陷及非金属夹杂物的分置情况；对于一般热处理零件的检验试样则应包括完整的硬化层、渗透层、表面处理层等。

确定好部位后便可将试样截下，试样通常采用直径为 12～15 mm、高为 12～15 mm 的圆柱体或 12 mm×12 mm×12 mm 的立方体，便于操作时握持（见图 1-22）。

从材料或零件上截取试样的方法很多，软的金属可用手锯和锯床切割，硬而脆的材料（如白口铸铁）则可用锤击打下，对极硬的材料（如淬火钢）则可采用水冷砂轮片切割或电火花截取。大件或大截面金属材料也可以采用乙炔-氧气切割。不管采用何种方法切割，都要预留大于一般过热层深度的余量以便在试样磨制过程中将其磨掉，或用其他方法将热影响区去掉。

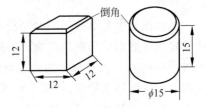

图 1-22 金相试样的尺寸

2) 磨制

试样的磨制一般分粗磨和细磨两道工序。

（1）粗磨

粗磨的目的是获得一个平整的表面。钢铁材料试样的粗磨通常在砂轮机上进行，且随

时用水冷却试样,以免受热引起组织变化。试样边缘的棱角若无保存的必要,可先进行磨圆(倒角),以免在细磨及抛光时撕破砂纸或抛光布,甚至造成试样从抛光机上飞出伤人。

(2) 细磨

细磨目的是将粗磨后留在试样表面上较粗较深的磨痕磨去,得到磨痕细浅均匀的表面,为抛光做准备。

粗磨好的试样应用水冲洗擦干后再进行细磨。细磨是在一套粗细程度不同的金相砂纸上,由粗到细依次进行的。金相砂纸的粒度由粗到细的顺序编号是 01、02、03、04、05 等。

细磨时将砂纸放在玻璃板上,手指紧握试样,使其磨面朝下,均匀用力向前推行磨制。在回程时,应提起试样,使之不与砂纸接触,以保证磨面平整且不产生弧度,如图 1-23 所示。

磨削时,对试样的压力要均匀适中,砂纸的号数从粗到细,不宜跳号。当更换砂纸时,试样、玻璃板和操作者的双手均应擦干净,砂纸使用前应抖动一下,将粗砂粒抖掉,以免在磨面上造成较深较粗的磨痕。每更换一次砂纸,试样须旋转 90°,使新磨痕与旧磨痕的方向垂直,直到将上一号砂纸所产生的磨痕全部消除为止。

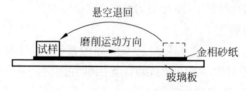

图 1-23 手工磨削方法示意图

除手工磨制外,还可在磨光机上进行机械磨光。试样磨光后,要用水冲洗,以除去砂粒,方可进行抛光。

3) 抛光

抛光的目的是去除细磨时遗留下来的细微磨痕,从而获得光亮的镜面。

金相试样的抛光方法一般分为机械抛光、电解抛光和化学抛光三种,其中,最常用的是机械抛光。

机械抛光是指在专用的抛光机上进行抛光。抛光机主要由电动机和抛光圆盘($\phi 200 \sim 300$ mm)组成,抛光圆盘的转速为 1350 r/min,抛光圆盘上铺以细帆布呢绒、金丝绒等。抛光时,在抛光圆盘上下不断滴注抛光液。抛光液通常为 Al_2O_3 或 Cr_2O_3 等的细粉末在水中的悬浮液。

机械抛光就是靠极细的抛光粉末与磨面间产生相对磨削和滚压作用来消除磨痕的。操作时将试样磨面均匀地压在旋转的抛光盘上,并沿盘的边缘到中心不断做径向往复运转,抛光时间一般为 3~5 min。抛光结束后,试样表面应看不出任何磨痕而呈光亮的镜面。抛光后的试样应用清水冲洗,再滴上数滴无水酒精冲洗,然后用电吹风迅速吹干。此时可将试样放在放大 100 倍数的显微镜下观察,以平滑无痕、无坑洞为合格,否则应再次抛光。如不做检查在冲洗干净后可立即进行浸蚀。

4) 浸蚀

试样经抛光后,在显微镜明视场下只能观察到非金属夹杂物、石墨和微裂纹等,金属基体仍是白亮的一片,看不到其组织形貌,所以必须对试样表面进行"浸蚀"才能清楚地显示出显微组织的真实情况。钢铁材料最常用的浸蚀剂为 3%~4%的硝酸酒精溶液或 4%的苦味酸酒精溶液。各种金属材料常用的浸蚀剂可参考表 1-11。

表 1-11 钢铁材料显微组织显示常用的化学浸蚀剂

浸蚀剂名称	成 分	适用范围及使用要点
硝酸酒精溶液	硝酸 2～4 mL 酒精 98～96 mL	各种碳钢、铸铁； 浸蚀速度随溶液浓度增加而加快
苦味酸酒精溶液	苦味酸 4 g 酒精 100 mL	显示珠光体、马氏体、贝氏体；显示淬火钢中的碳化物；利用浸蚀后的色彩差别，识别铁素体、马氏体、大块碳化物，尤其是可以显示碳钢晶界上的二次及三次渗碳体
苦味酸水溶液	苦味酸 3 g 洗净剂 3 mL 水 97 mL 加热到 60～70 ℃浸蚀 2 min,水洗,酒精干燥	用以显示 12CrNi3、18CrNiW、20CrMnTi、20Cr2Ni4、45CrNi、38CrMoAl 等钢的实际晶粒度
王水酒精溶液	盐酸 10 mL 硝酸 30 mL 酒精 100 mL	18-8 型奥氏体不锈钢的 δ 相

最常用的金相组织显示方法是化学浸蚀法,其主要原理是利用浸蚀剂对试样表面的化学溶解作用或电化学作用(即微电池原理)来显示组织。

对于纯金属和单相合金来说,浸蚀是一个纯化学溶解过程。由于金属及合金的晶界上原子排列混乱,并有较高的能量,故晶界处容易被浸蚀而呈现凹沟,同时由于每个晶粒原子排列的位向不同,表面溶解速度也不一样,因此试样被浸蚀后会呈现轻微的凹凸不平,在垂直光线的照射下会显示出明暗不同的晶粒。例如,凹陷的晶界使光线产生发散,反射光不能进入目镜,故在目镜中观察晶界便呈暗黑色的网络状,如图 1-24 所示。

对于两相以上的合金而言,浸蚀主要是一个电化学腐蚀过程。由于各组成相具有不同的电极电位,试样浸入浸蚀剂中就在两相之间形成了无数对微电池。例如,珠光体中有电极电位不同的两个相——铁素体及渗碳体,如将其置于硝酸酒精溶液中,则铁素体相因电极电位较负成为阳极而被腐蚀,渗碳体相的电极电位较正成为阴极而不被腐蚀,这样就使原来已经被抛光的磨面变得凹凸不平,当光线照射到凹凸不平的试样表面时,由于各处对光线的反射程度不同,在显微镜下就能看到不同的组织和组成相,如图 1-25 所示。

化学浸蚀的方法有浸入法与揩擦法两种。前者是将试样磨面朝下浸入盛有浸蚀剂的器皿中(但不能与器皿底面接触贴紧),不断移动,使之腐蚀均匀。揩擦法是用脱脂棉花蘸上浸蚀剂擦拭表面。浸蚀时间要适当,一般试样磨面发暗时就可以停止,如果浸蚀不足可重复浸蚀。浸蚀太深则必须重新抛光后,才可再次浸蚀。浸蚀完毕,立即用清水冲洗,接着用酒精冲洗,最后用电吹风吹干。这样制得的金相试样即可在显微镜下进行观察和分析研究。

1.3.4 实验内容与步骤

1. 实验内容

(1) 把 45 钢和 T10 钢分别进行淬火热处理。

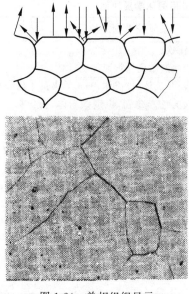

图 1-24 单相组织显示

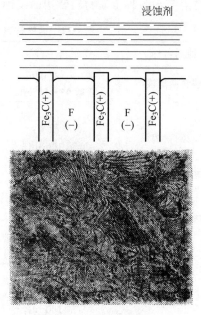

图 1-25 两相组织的显示

(2) 独立完成一块碳钢金相试样的制备。

(3) 对自制试样进行金相组织观察并描绘出组织示意图。

(4) 测定热处理后各试样的硬度。

2．实验步骤

1) 热处理实验

根据试样的钢号分别将其放入 830 ℃(45 钢)、780 ℃(T10)的炉子内加热(炉温预先由实验室升好)及保温,保温时间可按 1 min/mm 直径计算,然后出炉水冷。

2) 金相试样的制备

(1) 每人一块碳钢试样、一块玻璃板及一套金相砂纸。试样制备过程：粗磨→细磨→水冲洗→抛光→水冲洗→酒精滴洗→浸蚀→水冲洗→酒精滴洗→热风吹干→观察。

(2) 制备好试样以后,对自制试样进行金相分析,对质量差、模糊不清的试样,必须重新制备。

(3) 描绘组织示意图。用近似画法画出自己制备的试样的显微组织。

① 描绘之前,应先看懂显微组织图,并移动载物台,选择有代表性的且没有制备缺陷的最佳视场准备描绘。

② 在实验报告纸上预先用圆规画出直径为 30 mm 的圆,将观察到的显微组织描绘在圆内,并在图下方注明试样的材料、状态、组织、放大倍数和浸蚀剂。

③ 组织示意图应用 HB 铅笔描绘,不要用钢笔、圆珠笔。所绘的晶粒大小、各种组织组成物(例如铁素体和珠光体)的相对数量比例及其黑白颜色、形貌均应与显微镜中所观察到的相似,以及与显微镜放大倍数的晶粒大小相对应。

3) 试样硬度的测定

在 HR-150A 型洛氏硬度计上测定热处理后各试样的硬度,将数据填入表 1-12。

表 1-12　测定的试样硬度值

钢号	热处理工艺		热处理后的硬度		预计组织
	加热温度/℃	冷却方式	测点	硬度值 HRC	
45			1		
			2		
			3		
			平均		
T10			1		
			2		
			3		
			平均		

3. 注意事项

(1) 本实验加热所用的设备是电炉,炉内电阻丝距炉膛较近,容易漏电,所以电炉一定要接地,且在放、取试样时必须先切断电源。

(2) 往炉中放、取试样时必须使用夹钳,夹钳必须擦干,不得沾有油和水。开关炉门要迅速,炉门打开时间不宜过长。

(3) 将试样从炉中取出淬火时,动作要迅速,以免温度下降,影响淬火质量。

(4) 试样在淬火液中应不断搅动,否则试样表面会由于冷却不均而出现软点。

(5) 淬火时水温应保持在 20～30 ℃,水温过高应及时换水。

1.3.5　实验报告要求

(1) 明确本次实验的目的。
(2) 简述实验原理。
(3) 写出实验设备、仪器及实验材料。
(4) 写出实验操作步骤。
(5) 画出操作的热处理工艺曲线。
(6) 分析加热温度与冷却速度对钢组织与性能的影响。
(7) 按要求做好实验数据的记录与整理。
(8) 简述金相试样的制备过程,描述自制试样的心得体会。
(9) 描绘组织示意图。

1.3.6　思考题

(1) 碳钢热处理的方式有哪些?其目的分别是什么?
(2) 金相试样制备过程中浸蚀的目的是什么?其原理是什么?

自测题 1

第 2 章　金属切削加工实验

2.1　车刀几何角度测量实验

2.1.1　实验目的

(1) 通过实验巩固和加深对车刀各几何角度、各参考平面及其相互关系的理解。
(2) 掌握测量车刀几何角度的基本方法。
(3) 了解车刀量角仪的结构与工作原理，熟悉其使用方法。

2.1.2　实验设备

回转工作台式量角台，45°弯头车刀、90°外圆车刀、切断刀等五把车刀。

2.1.3　实验原理

1. 刀具基础知识

1) 刀具切削部分的组成

金属切削刀具的种类很多，结构形状各异。但仔细观察它的切削部分，其剖面的基本形状都是刀楔形状，可看作外圆车刀切削部分的演变。如图 2-1 所示，外圆车刀由刀头和刀体两部分组成，切削部分由 3 个刀面（前刀面、主后刀面和副后刀面）、2 个刀刃（主切削刃和副切削刃）和 1 个刀尖组成。各要素具体说明如下：

(1) 前刀面，即切削过程中刀具上切屑流过的刀具表面。
(2) 主后刀面，即切削过程中与加工表面相对的刀具表面。
(3) 副后刀面，即切削过程中与已加工表面相对的刀具表面。
(4) 主切削刃，即前刀面与主后刀面的交线，它承担着金属的主要切削工作，并形成了工件上的加工表面。
(5) 副切削刃，即前刀面与副后刀面的交线，它参与部分切削工作，并形成已加工表面。
(6) 刀尖，即主切削刃与副切削刃的交点，一般已磨成折线或圆弧。

2) 刀具坐标系

为了确定刀具前刀面、后刀面及切削刃在空间的位置，首先应建立坐标系。刀具坐标系有多种形式，与本实验主要相关的是刀具标注坐标系，即用于定义刀具在设计、制造、刃磨和测量时刀具几何参数的参考系，在刀具标注坐标系中定义的角度称为刀具标注角度。

对于车刀，为了便于测量，在建立刀具标注坐标系时，特作如下三点假设：

(1) 不考虑进给运动的影响。
(2) 安装车刀时应使刀尖与工件中心等高，且车刀刀杆中心线与工件轴心线垂直。
(3) 主切削刃上选定点 M 与工件中心等高。

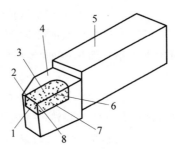

1—副后刀面；2—副切削刃；3—前刀面；4—刀头；5—刀体；6—主切削刃；7—主后刀面；8—刀尖。

图 2-1 外圆车刀切削部分的要素

如图 2-2 所示，刀具标注坐标系主要由以下基准坐标表面组成。

① 基面 P_r。基面就是过切削刃上选定点并垂直于该点切削速度方向的平面，对于普通车刀，它的基面平行于刀杆的底面。

② 切削平面 P_s。切削平面就是通过切削刃选定点与切削刃相切并垂直于基面的平面。对应于主切削刃和副切削刃的切削平面分别称为主切削平面 P_s 和副切削平面 P_s'。

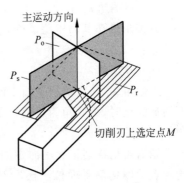

图 2-2 刀具标注坐标系

③ 正交平面 P_o。正交平面是指通过切削刃选定点并同时垂直于基面和切削平面的平面。

显然，对于切削刃上某一选定点，该点的正交平面 P_o、基面 P_r 和切削平面 P_s 构成了一个两两互相垂直的空间直角坐标系，这个坐标系又称为正交平面参考系。

3) 刀具标注角度

车刀的标注角度如图 2-3 所示，共有 6 个独立的角度。有了这 6 个独立的角度，车刀的的空间位置就完全确定了。这 6 个独立的角度分别是：

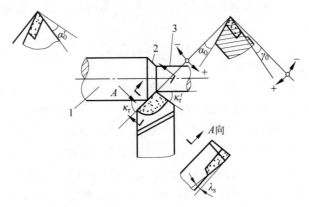

1—待加工表面；2—加工表面；3—已加工表面。

图 2-3 车刀的标注角度

(1) 前角 γ_0

前角是在正交平面中测量的,它是前刀面与基面之间的夹角。如果通过选定点的基面位于楔形刀体的实体之外,则前角为正值;如果基面位于楔形刀体的实体之内,则前角为负值。

(2) 后角 α_0

后角是在正交平面中测量的,它是后刀面与切削平面之间的夹角。如果通过选定点的切削平面位于楔形刀体的实体之外,则后角为正值;如果切削平面位于楔形刀体的实体之内,则后角为负值。

(3) 主偏角 κ_r

主偏角是在基面中测量的,它是主切削刃在基面上的投影与假定进给方向之间的夹角。

(4) 副偏角 κ_r'

副偏角是在基面中测量的,它是副切削刃在基面上的投影与假定进给的反方向之间的夹角。

(5) 刃倾角 λ_s

刃倾角 λ_s 是在切削平面中测量的,它是主切削刃与基面之间的夹角。当刀尖位于切削刃的最高点时,刃倾角为正值;刀尖处于最低点时,刃倾角为负值。

(6) 副后角 α_0'

副后角是在副正交平面中测量的,它是副后刀面与副切削平面之间的夹角。如果通过选定点的副切削平面位于楔形刀体的实体之外,则副后角为正值;如果副切削平面位于楔形刀体的实体之内,则副后角为负值。

另外,还有两个派生角度:

(1) 楔角 β_0

楔角是前刀面与后刀面之间的夹角,在正交平面中测量。它是由前角和后角得到的派生角度,由式(2-1)计算:

$$\beta_0 = 90° - (\gamma_0 + \alpha_0) \tag{2-1}$$

(2) 刀尖角 ε_r

刀尖角是切削平面与副切削平面之间的夹角,在基面中测量。它是由主偏角和副偏角计算得到的派生角度:

$$\varepsilon_r = 180° - (\kappa_r + \kappa_r') \tag{2-2}$$

2. 回转工作台式量角台

如图 2-4 所示,回转工作台式量角台主要由底盘 1、平台 3、立柱 11、测量片 5,8、扇形刻度盘 6,7 等组成。底盘 1 为圆盘形,在零度线左右方向各有 90°的角度,用于测量车刀的主偏角和副偏角,通过底盘指针 2 读出角度值;平台 3 可绕底盘中心在零刻线左右 90°范围内转动;定位块 4 可在平台上平行滑动,作为车刀的基准;如图 2-5 所示,测量片 5,由主平面(大平面)、底平面、侧平面 3 个成正交的平面组成,在测量过程中,根据不同的情况可分别用以代表正交平面、基面、切削平面等。大扇形刻度盘 6 上有正负 45°的刻度,用于测量前角、后角、刃倾角,通过测量片 5 的指针指出角度值;立柱 11 上制有螺纹,旋转升降螺母 10 就可以调整测量片相对车刀的位置。

通过以下方法可以实现刀具角度的测量:

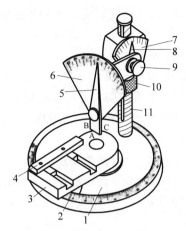

1—底盘；2—底盘指针；3—平台；4—定位块；5,8—测量片；6—大扇形刻度盘；7—小扇形刻度盘；9—旋钮；10—升降螺母；11—立柱。

图 2-4　回转工作台式量角台的构造

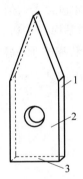

1—侧平面；2—主平面(大平面)；3—底平面。

图 2-5　测量片

（1）根据车刀坐标平面(车刀坐标平面是指刀具坐标系中的基面、切削平面、正交平面)及几何参数的定义，首先确定坐标平面的位置，在按照几何角度的定义测出几何角度。

（2）通过测量片的测量面与车刀刀刃、刀面的贴合(重合)使指针指出所测的各几何角度。

2.1.4　实验内容和步骤

1. 测量前的调整

调整量角台，使平台、大扇形刻度盘和小扇形刻度盘的指针全部指零，使定位块侧面与测量片的主平面垂直，这样就可以认为：

（1）主平面垂直于平台平面，且垂直于平台对称线。

（2）底平面平行于平台平面。

（3）侧平面垂直于平台平面，且平行于平面对称线。

2. 测量前的准备

将车刀侧面紧靠在定位块的侧面上，使车刀能与定位块一起在平台平面上平行移动，并且可使车刀在定位块的侧面上滑动,这样就形成了一个平面坐标,可以使车刀置于一个比较理想的位置。

3. 测量车刀的主偏角(κ_r)和副偏角(κ_r')

(1) 根据定义,主(副)偏角为主(副)刀刃在基面上的投影与走刀方向的夹角。

(2) 确定走刀方向。由于规定走刀方向与刀具轴线垂直,在量角台上即垂直于零度线,故可以把主平面上平行于平台平面的直线作为走刀方向,其与主(副)刀刃在基面上的投影有一夹角,即为主(副)偏角。

(3) 测量方法。顺(逆)时针旋转平台,使主切削刃与主平面贴合,如图 2-6 所示,即主(副)刀刃在基面的投影与走刀方向重合,平台在底盘上所旋转的角度,即底盘指针在底盘刻度盘上所指的刻度值为主(副)偏角 κ_r(κ_r')的角度值。

4. 测量车刀刃倾角(λ_s)

(1) 根据定义,刃倾角为主切削刃与基面的夹角。

(2) 确定主切削平面。主切削平面是过主切削刃与主加工表面相切的平面,在测量车刀的主偏角时,由于主切削刃与主平面重合,就可以将主平面近似地看作主切削平面(只有当 $\lambda_s=0$ 时,与主加工表面相切的平面才包含主切削刃),当测量片指针指零时,底平面可作为基面。这样就形成了在主切削平面内基面与主切削刃的夹角,即刃倾角。

(3) 测量方法。旋转测量片,即旋转底平面(基面)使其与主切削刃重合,如图 2-7 所示,测量片指针所指的刻度值即为刃倾角。

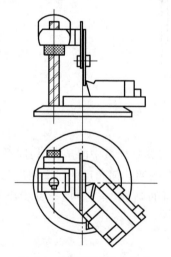

图 2-6 测量车刀的主偏角

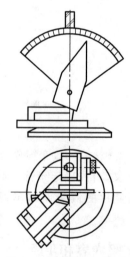

图 2-7 测量车刀刃倾角

5. 测量车刀正交平面内的前角 γ_0 和后角 α_0

(1) 根据定义,前角是指在正交平面内,前刀面与基面的夹角;后角是指在正交平面内后刀面与切削平面的夹角。

(2) 确定正交平面。正交平面过主切削刃选定点,垂直于主切削刃在基面的投影。

(3) 在测量主偏角时,主切削刃在基面的投影与主平面重合(平行),如果使主切削刃在基面的投影相对于主平面旋转 90°,则主切削刃在基面的投影与主平面垂直,即可把主平面看作正交平面。当测量片指针指零时,底平面作为基面,侧平面作为主切削平面,这样就形成了在正交平面内,基面与前刀面的夹角,即前角(γ_0);主切削平面与后刀面的夹角,即后角(α_0)。

(4) 测量方法。使底平面旋转,与前刀面重合,如图2-8所示,测量片指针所指刻度值为前角;使侧平面(即切削平面)旋转与后刀面重合,如图2-9所示,测量片指针所指刻度值为后角。

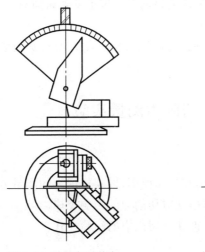 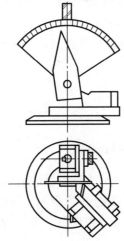

图 2-8 测量车刀前角　　　　　图 2-9 测量车刀后角

6. 整理实验工具

实验操作完毕,必须将车刀量角仪按其使用方法复位,并擦拭干净。同时应将实验器具放置整齐。

2.1.5　实验报告要求

撰写实验总结报告1份,主要包括以下内容:
(1) 明确本次实验的目的。
(2) 简述实验原理。
(3) 写出实验设备、仪器及实验工具。
(4) 写出实验的操作步骤,将测量得到的数据填入表2-1中。

表 2-1 刀具角度测量数据

车刀	前角 γ_0	后角 α_0	副后角 α_0'	主偏角 κ_r	副偏角 κ_r'	刃倾角 λ_s	刀尖角 ε_r	楔角 β_0
45°弯头外圆车刀								
60°外圆车刀								
75°外圆车刀								
90°外圆车刀								
切断刀								

(5) 计算出刀尖角 ε_r 和楔角 β_0。
(6) 绘制车刀标注角度图,标注出主切削刃、副切削刃及被测车刀的进给方向,并标注

出测量得到的刀具角度的数值。

2.1.6 思考题

(1) 45°弯头车刀在车外圆和车端面时,它的主切削刃、副切削刃、主偏角、副偏角是否发生变化?为什么?

(2) 切断车刀有几条切削刃?哪条是主切削刃?哪条是副切削刃?应如何利用量角台测量切断车刀的主偏角和副偏角?

(3) 副前角(副前角是在副正交平面中测量的,它是前刀面与基面之间的夹角)为什么不是独立的角度?

2.2 切削力测量实验

2.2.1 实验目的

(1) 了解八角环形力传感器的结构和工作原理,以及切削力的测量方法。
(2) 掌握背吃刀量、进给量和切削速度对切削力的影响规律。
(3) 掌握处理实验数据的方法,并推导出切削力的经验公式。

2.2.2 实验设备

CA6140型普通卧式车床、八角环形车削测力仪、YD15型动态应变仪、SC16型光学示波器、硬质合金外圆车刀、45钢圆棒料等。

2.2.3 实验原理

1. 切削力的概念

在切削过程中,将工件上多余的材料切除所需要的力称为切削力。切削力是金属切削过程中的一种物理现象,可产生切削热,并影响刀具的磨损、使用寿命、加工精度和加工表面质量。它也是设计和使用机床、刀具、夹具的必要依据。

如图2-10所示,切削力主要来源于以下两个方面:
(1) 克服被加工材料对弹性变形和塑性变形的抗力。
(2) 克服切屑与刀具、工件与刀具之间的摩擦阻力。

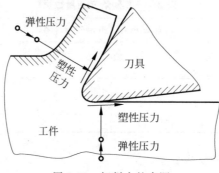

图 2-10 切削力的来源

这两个方面的力组成了切削合力 F_r，由于切削合力很难测量，应用不方便，所以，通常将切削合力分解为图 2-11 所示的三个互相垂直的分力：

（1）切削力 F_z。它垂直于基面，是切削合力在主运动方向上的分力，在三个分力中数值最大，所以 F_z 所做的功最多，通常占总功的 95%～99%，是计算机床功率、机床零部件和刀具强度的重要依据。

（2）背向力 F_y。它在基面内，并与进给方向垂直；在 F_y 的作用下，工件会产生弯曲变形，容易引起加工误差和振动。

（3）进给力 F_x。它在基面内，并与进给方向平行；做功不多，只占总功的 1%～5%；主要用于设计进给机构和计算进给功率。

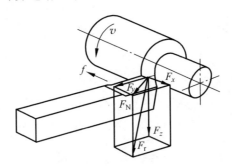

图 2-11　切削合力及其分解

由图 2-11 可知，切削合力的计算式为

$$F_r = \sqrt{F_x^2 + F_y^2 + F_z^2} \tag{2-3}$$

2. 切削力的经验公式

由于切削力的精确计算非常困难，在实际生产中所使用的经验公式都是通过大量实验并进行数据处理得到的。下面是常用的指数形式的切削力经验公式：

$$\begin{cases} F_z = C_{F_z} \cdot a_p^{x_{F_z}} \cdot f^{y_{F_z}} \cdot v_c^{z_{F_z}} \cdot K_{F_z} \\ F_y = C_{F_y} \cdot a_p^{x_{F_y}} \cdot f^{y_{F_y}} \cdot v_c^{z_{F_y}} \cdot K_{F_y} \\ F_x = C_{F_x} \cdot a_p^{x_{F_x}} \cdot f^{y_{F_x}} \cdot v_c^{z_{F_x}} \cdot K_{F_x} \end{cases} \tag{2-4}$$

式中，C_{F_z}、C_{F_y}、C_{F_x} 分别为与工件、刀具材料有关的系数；x_{F_z}、x_{F_y}、x_{F_x} 分别为背吃刀量 a_p 对切削力的影响指数；y_{F_z}、y_{F_y}、y_{F_x} 分别为进给量 f 对切削力的影响指数；z_{F_z}、z_{F_y}、z_{F_x} 分别为切削速度 v_c 对切削力的影响指数；K_{F_z}、K_{F_y}、K_{F_x} 分别为考虑切削速度 v_c、刀具几何参数、刀具磨损等因素影响的修正系数。

3. 切削力的测量原理和方法

八角环形车削测力仪是常用的测量切削力的测力仪，它的主要元件是八角环形力传感器，类型为电阻式，如图 2-12 所示。八角环形力传感器分为固定部分、弹变部分和装刀部分，且三部分为一个整体，弹性部分包括上下两个八角环，八角环的内外侧有若干电阻应变片。

若干电阻应变片紧贴在测力仪弹性元件的不同受力位置，就连成了电桥，如图 2-13 所示。设电桥各臂的电阻分别是 R_1、R_2、R_3 和 R_4,如果 $R_1/R_2=R_3/R_4$,则电桥平衡,则2、4两点间的电位差为零,则应变电压输出为零。在切削力的作用下,电阻应变片随着弹性元件的变形而发生变形,使应变片的电阻值改变,破坏了电桥的平衡,电桥电路把电阻应变片上电阻值的微小变化转换成电压信号的变化,即输出应变电压。输出应变电压与切削力的大小成正比,经过标定,可以得到输出应变电压和切削力之间的线性关系曲线(即标定曲线)。测力时,只要知道输出应变电压,便能从标定曲线上查出切削力的数值。

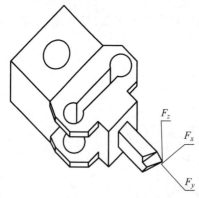
图 2-12 八角环形力传感器的结构

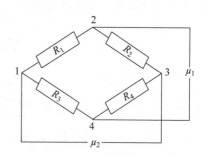
图 2-13 电桥测量基本电路

由于电桥电路的输出电压很小,需要应变仪来放大输出信号,因此使用 YD15 型动态应变仪来实现这个功能。动态应变仪的输出信号由 SC16 型光学示波器记录,它与动态应变仪配套使用。

4. 处理实验数据的方法

将上述实验数据进行整理,建立切削力与切削用量等之间的关系,即建立经验公式。建立经验公式的一种方法是图解法,这种方法是将实验数据标在坐标纸上。这种方法容易产生人为的误差,致使所求得的相关指数和系数不够精确。

为了使所求得的经验公式与实测数据的误差最小,本实验还采用了最小二乘法和一元线性回归法。一元线性回归法是运用数理统计中回归分析的方法来建立一元线性回归方程,因为它是在误差二次方和为最小的"最小二乘法"基础上得出的一条直线,因此误差最小。

假设在单因素实验法中,仅改变背吃刀量,则切削力 F_z 与背吃刀量的经验公式为

$$F_z = C_{a_p} a_p^{x_{F_z}} \tag{2-5}$$

式中,C_{a_p} 为与工件、刀具材料有关的系数;x_{F_z} 为背吃刀量 a_p 对切削力的影响指数。

将式(2-5)两边取对数得

$$\lg F_z = \lg C_{a_p} + x_{F_z} \lg a_p \tag{2-6}$$

设 $\hat{y}=\lg F_z$,$a=\lg C_{a_p}$,$b=x_{F_z}$,$x=\lg a_p$,代入式(2-6)可得到一元线性回归直线方程:

$$\hat{y} = a + bx \tag{2-7}$$

式(2-7)中的常数 a、b 即为待定的回归系数。对于每一个 x 的值 x_i,就可以由式(2-7)确定一个回归值 $\hat{y}_i$,用最小二乘法就是使函数的所有实验值与回归值之差的二次方和最小,这样得到的回归直线的误差最小,即

$$Q = \sum_{i=1}^{n}(y_i - \hat{y}_i)^2 = Q_{最小} \tag{2-8}$$

式中,Q 为误差的二次方和(即观测点距回归直线的残差的二次方和);y_i 为实验值;$\hat{y}_i$ 为回归值。

Q 最小的必要条件是

$$\begin{cases} \dfrac{\partial Q}{\partial a} = 0 \\ \dfrac{\partial Q}{\partial b} = 0 \end{cases} \tag{2-9}$$

计算得

$$\begin{cases} \dfrac{\partial Q}{\partial a} = \dfrac{\partial}{\partial a}\sum_{i=1}^{n}(y_i - a - bx_i)^2 = 2\sum_{i=1}^{n}(y_i - a - bx_i)(-1) = 0 \\ \dfrac{\partial Q}{\partial b} = \dfrac{\partial}{\partial b}\sum_{i=1}^{n}(y_i - a - bx_i)^2 = 2\sum_{i=1}^{n}(y_i - a - bx_i)(-x_i) = 0 \end{cases} \tag{2-10}$$

即

$$\begin{cases} \sum_{i=1}^{n}y_i - \sum_{i=1}^{n}a - b\sum_{i=1}^{n}x_i = 0 \\ \sum_{i=1}^{n}x_i y_i - a\sum_{i=1}^{n}x_i - b\sum_{i=1}^{n}x_i^2 = 0 \end{cases} \tag{2-11}$$

由式(2-11)可以得到正规方程组:

$$\begin{cases} na + n\bar{x}b = n\bar{y} \\ n\bar{x}a + \sum_{i=1}^{n}x_i^2 b = \sum_{i=1}^{n}x_i y_i \end{cases} \tag{2-12}$$

其中,

$$\bar{x} = \dfrac{1}{n}\sum_{i=1}^{n}x_i$$

$$\bar{y} = \dfrac{1}{n}\sum_{i=1}^{n}y_i$$

求解式(2-12)可得

$$\begin{cases} a = \bar{y} - b\bar{x} \\ b = \dfrac{\sum_{i=1}^{n}x_i y_i - n\bar{x}\bar{y}}{\sum_{i=1}^{n}x_i^2 - n\bar{x}^2} \end{cases} \tag{2-13}$$

将回归系数 a、b 的值代回式(2-7),再通过式(2-6)和式(2-5)便可得到切削力 F_z 与背吃刀量 a_p 的经验公式。按此方法,还可以得到其他各经验公式。

2.2.4 实验步骤

1. 得到标定曲线

切削时,不是直接测量切削力,而是测量电量,所以,在切削之前,要事先标定电量与切

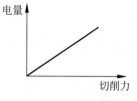

图 2-14 标定曲线

削力的关系。用标定值画出切削力与电量的关系曲线,称为切削力标定曲线。切削时,在测出电量后,就可以在标定曲线上找出相应的切削力值了。

标定时可以在机床上进行,将车刀换成标定刀杆,用测力环在车刀刀尖的位置进行加载,并通过动态应变仪放大,测出电量,经过处理得出切削力与电量的关系曲线,如图 2-14 所示。

2. 各切削分力的切削实验

单因素实验法就是固定其他因素,只改变某一因素的实验方法。

(1) 背吃刀量 a_p 的影响

使用主偏角为 45° 的车刀,固定走刀量 $f=0.1$ mm/r、切削速度 $v\approx 100$ m/min,只依次改变 a_p(1.0 mm、1.5 mm、2.0 mm、2.5 mm)进行切削,并记录测量结果。根据事先标定的曲线求出实际切削力 F_x、F_y、F_z 的数值,并将数值填入表 2-2 中。

表 2-2 改变背吃刀量的测量结果

背吃刀量 /mm	$a_{p_1}=1.0$		$a_{p_2}=1.5$		$a_{p_3}=2.0$		$a_{p_4}=2.5$	
	电量/C	力/N	电量/C	力/N	电量/C	力/N	电量/C	力/N
切削力 F_z								
背向力 F_y								
进给力 F_x								

(2) 进给量对切削力的影响

使用主偏角为 45° 的车刀,固定背吃刀量 $a_p=1.0$ mm、切削速度 $v\approx 100$ m/min,依次改变 f(0.1 mm/r、0.2 mm/r、0.3 mm/r、0.4 mm/r)进行切削,并记录测量结果。根据事先标定的曲线计算出切削力 F_x、F_y、F_z 的数值,并将数值填入表 2-3 中。

表 2-3 改变进给量的测量结果

进给量 /(mm/r)	$f_1=0.1$		$f_2=0.2$		$f_3=0.3$		$f_4=0.4$	
	电量/C	力/N	电量/C	力/N	电量/C	力/N	电量/C	力/N
切削力 F_z								
背向力 F_y								
进给力 F_x								

(3) 切削速度对切削力的影响

使用主偏角为 45° 的车刀,固定进给量 $f=0.1$ mm/r、背吃刀量 $a_p=1.0$ mm,只依次改变 v(10 m/min、20 m/min、30 m/min、40 m/min)进行切削,并记录测量结果。根据事先标定的曲线求出实际切削力 F_x、F_y、F_z 的数值,并将数值填入表 2-4 中。

表 2-4 改变切削速度的测量结果

切削速度 /(m/min)	$v_1=10$		$v_2=20$		$v_3=30$		$v_4=40$	
	电量/C	力/N	电量/C	力/N	电量/C	力/N	电量/C	力/N
切削力 F_z								

切削速度 /(m/min)	$v_1=10$		$v_2=20$		$v_3=30$		$v_4=40$	
	电量/C	力/N	电量/C	力/N	电量/C	力/N	电量/C	力/N
背向力 F_y								
进给力 F_x								

(4) 主偏角对切削力的影响

固定背吃刀量 $a_p=1.0$ mm、进给量 $f=0.1$ mm/r、切削速度 $v \approx 100$ m/min，分别用主偏角（$\kappa_r=45°、60°、75°、90°$）不同的车刀进行切削，并记录测量结果。根据事先标定的曲线求出实际切削力 F_x、F_y、F_z 的数值，并将数值填入表 2-5 中。

表 2-5　改变主偏角的测量结果

主偏角/(°)	$\kappa_{r_1}=45$		$\kappa_{r_2}=60$		$\kappa_{r_3}=75$		$\kappa_{r_4}=90$	
	电量/C	力/N	电量/C	力/N	电量/C	力/N	电量/C	力/N
切削力 F_z								
背向力 F_y								
进给力 F_x								

3. 整理实验设备及工具

实验操作完毕，必须将本实验所用设备及工具复位，并擦拭干净，放置整齐。

2.2.5　实验报告要求

撰写实验总结报告 1 份，主要包括以下内容：
(1) 明确本次实验的目的。
(2) 简述实验原理。
(3) 写出实验设备、仪器及实验工具。
(4) 写出实验的操作步骤，将测量得到的数据填入相应的表格中。
(5) 对实验结果进行分析，绘出各切削分力分别与背吃刀量、进给量、切削速度、主偏角的关系曲线；对数据进行处理，写出各切削分力的经验公式。

2.2.6　思考题

(1) 根据实验结果分析切削用量三要素（背吃刀量、切削速度、进给量）等对切削力的影响规律，并解释其原因。
(2) 在切削过程中影响切削力大小的主要因素有哪些？在本实验中这些因素表现如何？试用你所学过的切削过程的基本原理进行分析。
(3) 有哪些因素会导致本实验的误差？你对本实验有何改进意见？

2.3　刀具切削温度仿真实验

2.3.1　实验目的

(1) 掌握用 ANSYS 软件仿真刀具切削温度的基本使用方法，掌握在 ANSYS 软件中从

三维建模软件导入零件模型的方法;

(2) 掌握刀具切削温度的分布规律。

2.3.2 实验设备

有限元分析软件 ANSYS 14.0 及以上版本、计算机(安装 Windows 7 以上操作系统)。

2.3.3 实验原理

1. 切削温度

刀具切削金属时共有三个发热区域,即剪切面、切屑与前刀面的接触区、后刀面与过渡表面的接触区,如图 2-15 所示,三个发热区与三个变形区相对应。因此,切削热的来源就是切屑变形功和前、后刀面的摩擦功。切削热是通过切屑、工件、刀具和周围介质向外传出的,而刀具吸收热量后,温度会升高,切削温度一般指前刀面与切屑接触区域的平均温度。

切削热是切削温度上升的根源,但直接影响切削过程的是切削温度。刀具的切削温度严重影响了刀具的磨损、工件材料的性能变化和已加工表面的质量,本实验通过 ANSYS 软件获取刀具在切削过程中接触部分的温度,从而得到切削温度的分布情况。

图 2-15 切削热的产生和传导

2. 有限元法基本知识

有限元法是目前工程技术领域中实用性最强、应用最为广泛的数值模拟方法,它的基本思想是先用较简单的问题代替复杂问题后,再求解。首先,假设将某个连续体分解成数目有限的小块体(称为有限单元),它们彼此只在数目有限的节点处相互连接,用这些小单元集合来代替原来的连续体;其次在节点上引入等效力以代替实际作用到单元上的外力;再次,对每个单元根据分块近似的思想选择一个简单的函数来近似地表示其位移分量的分布规律,并按弹、塑性理论中的变分原理建立单元刚度阵、力和位移之间的关系;最后将所有单元的这种特性关系集合起来,就得到了一组以节点位移为未知量的代数方程组,使用这组方程就可以求出物体上有限个离散节点的位移分量。有限元法实质上就是把具有无限个自由度的连续体理想化为只有有限个自由度的单元体集合,将问题简化为适合数值解法的结构型问题。

有限元法以位移为基本未知数,依据最小势能原理建立有限元公式,它的理论基础是最小势能原理,基本思路是从整体到局部,再从局部到整体,通过局部近似得到整体的近似解答。有限元法的分析过程主要包括以下几个步骤:

1) 结构的离散化

结构的离散化是有限元分析的第一步,它是有限单元法的基本概念。所谓离散化简单地说,就是将要分析的结构物分割成有限个单元体,并在单元体的指定点设置节点,使相邻单元的有关参数具有一定的连续性,并构成一个单元的集合体来代替原来的结构。

2) 选择位移模式

在完成结构的离散之后,就可以对典型单元进行特性分析了。为了能用节点位移表示单元体的位移、应变和应力,在分析连续体问题时,必须对单元中位移的分布作出一定的假定,即假定位移是坐标的某种简单的函数,这种函数称为位移模式或插值函数。

选择适当的位移函数是有限单元分析中的关键,通常选择多项式作为位移模式。根据所选定的位移模式,就可以导出节点位移单元内任一点位移的关系式,其矩阵形式是

$$f = N\delta^e \tag{2-14}$$

式中,f 为单元内任一点的位移列阵;δ^e 为单元的节点位移列阵;N 为形函数矩阵,它的元素是位置坐标的函数。

3) 分析单元的力学特性

单元的力学特性分析包括下面三部分内容:

(1) 通过位移表达式(2-14)推导出用节点位移表示单元应变的关系式:

$$\varepsilon = B\delta^e \tag{2-15}$$

式中,ε 为单元内任一点的应变列阵;B 为单元应变矩阵。

(2) 由应变关系表达式(2-15)导出用节点位移表示单元应力的关系式:

$$\sigma = DB\delta^e \tag{2-16}$$

式中,σ 为单元内任一点的应力列阵;D 为与单元材料有关的弹性矩阵。

(3) 利用变分原理,建立节点力和节点位移之间的关系,也就是单元的平衡方程:

$$F^e = k^e \delta^e \tag{2-17}$$

式中,k^e 为单元刚度矩阵。

4) 集合所有单元的平衡方程,建立整个结构的平衡方程

这个集合包括两方面的内容:一方面是将各个单元的刚度矩阵集合成整个物体的刚度;另一方面是将作用于各个单元的等效节点力列阵集合成总的载荷列阵。最常用的集合刚度矩阵的方法是直接刚度法。一般来说,集合所依据的理由是要求所有相邻的单元在公共节点处的位移相等。于是,得到了以整体刚度矩阵 K、载荷列阵 F 及整个物体节点位移列阵 δ 表示的整个结构的平衡方程:

$$K\delta = F \tag{2-18}$$

5) 解有限元方程

由集合起来的平衡方程(2-18)解出未知节点位移。在求解前,必须对结构平衡方程进行边界条件处理。在线性平衡问题中,可以根据方程组的具体特点选择合适的计算方法。

最后,可以利用式(2-16)和已求出的节点位移计算各单元的应力,加以整理即可得出所求的结果。

3. ANSYS 软件及热分析介绍

ANSYS 软件是美国 ANSYS 公司开发的大型通用有限元分析软件,是现代产品设计的高级 CAE 工具之一,它广泛应用于机械制造、航空航天、建筑工程、汽车、电子、日用家电、石油化工等工业领域。软件主要包括三个部分:前处理模块、分析计算模块和后处理模块。前处理模块提供了一个强大的实体建模及网格划分工具,用户可以方便地构造有限元模型;分析计算模块包括结构分析、流体动力学分析、电磁场分析、热分析、压电分析及多物理场的耦合分析,可模拟多种物理介质的相互作用,具有灵敏度分析及优化分析能力;后处理模块是采集处理分析结果,使用户能简便地提取信息,了解计算结果,也可将计算结果以图表、曲

线的形式显示或输出。

ANSYS 热分析基于能量守恒原理的热平衡方程,用有限元法计算各节点的温度,并导出其他热物理参数。ANSYS 热分析包括热传导、热对流及热辐射三种热传递方式。ANSYS 热分析有稳态传热和瞬态传热两种类型。稳态传热是指系统的温度场不随时间变化,瞬态传热是指系统的温度场随时间明显变化。

1) 稳态传热

如果系统的净热流率为 0,即流入系统的热量加上系统自身产生的热量等于流出系统的热量:$q_{流入}+q_{生成}-q_{流出}=0$,则系统处于热稳态。在稳态热分析中,任一节点的温度不随时间变化。稳态热分析的能量平衡方程为(以矩阵形式表示):

$$KT = Q \tag{2-19}$$

式中,K 为传导矩阵,包含导热系数、对流系数及辐射率和形状系数;T 为节点温度向量;Q 为节点热流率向量,包含热生成。

ANSYS 利用模型几何参数、材料热性能参数及所施加的边界条件,生成 K、T 及 Q。

2) 瞬态传热

瞬态传热过程是指一个系统加热或冷却的过程。在这个过程中,系统的温度、热流率、热边界条件及系统内能随时间都有明显的变化。根据能量守恒定律,瞬态热平衡可以表达为(以矩阵形式表示)

$$C\dot{T} + KT = Q \tag{2-20}$$

式中,K 为传导矩阵,包含导热系数、对流系数及辐射率和形状系数;C 为比热容矩阵,考虑系统内能的增加;T 为节点温度向量;$\dot{T}$ 为温度对时间的导数;Q 为节点热流率向量,包含热生成。

2.3.4 实验内容和步骤

实验刀具采用制造端面车刀和外圆车刀的 A3 型刀片,具体的类型及结构参数如图 2-16 和表 2-6 所示。下面的实验步骤中采用 A320 型刀片。

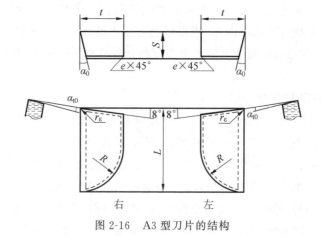

图 2-16 A3 型刀片的结构

表 2-6　A3 型刀片的基本尺寸

型号		基本尺寸/mm						
RH	LH	L	t	S	R	r_ε	e	α_0	α_{t0}
A310	—	10	6	3	6	1	—	0	0
A312	A312	12	7	4	7	1	0.8	14	5
A315	A315	15	9	6	9	1	0.8	14	5
A320	A320	20	11	7	11	1	0.8	14	5
A325	A325	25	14	8	14	1	0.8	14	5
A330	A330	30	16	9.5	16	1	0.8	14	5
A340	A340	40	18	10.5	18	1	1.2	14	5

1. 设置分析背景

打开 ANSYS 软件的工作界面，工作区默认的背景颜色是黑色，如图 2-17 所示。

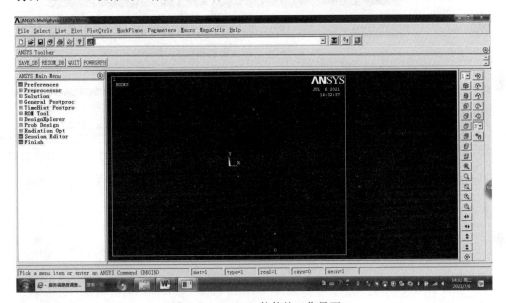

图 2-17　ANSYS 软件的工作界面

改变工作区的背景颜色，在 GUI 界面中选择 Utility Menu→PlotCtrls→Style→Colors→Reverse Video 命令，如图 2-18 所示；工作区的背景颜色就变成了白色，如图 2-19 所示。

2. 定义文件名和标题

在 GUI 界面中选择 Utility Menu→File→Change Jobname 命令，弹出图 2-20 所示的对话框，在输入栏中输入 cutting_experiment，并将 New log and error files? 设置为 Yes，单击 OK 按钮，关闭对话框。

在 GUI 界面中选择 Utility Menu→File→Change Title 命令，弹出图 2-21 所示的对话框，在输入栏中输入 cutting_temperature，并单击 OK 按钮，关闭对话框。

3. 定义单元类型

在 GUI 界面中选择 Main Menu→Preprocessor→Element Types→add/edit/delete 命令，弹出 Element Types 对话框，如图 2-22 所示。

图 2-18　更改工作区的背景颜色

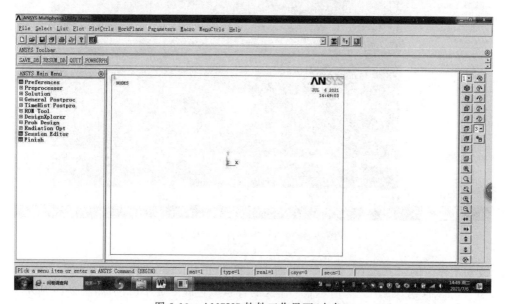

图 2-19　ANSYS 软件工作界面(白色)

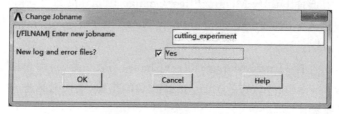

图 2-20　定义文件名

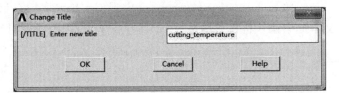

图 2-21 定义标题名

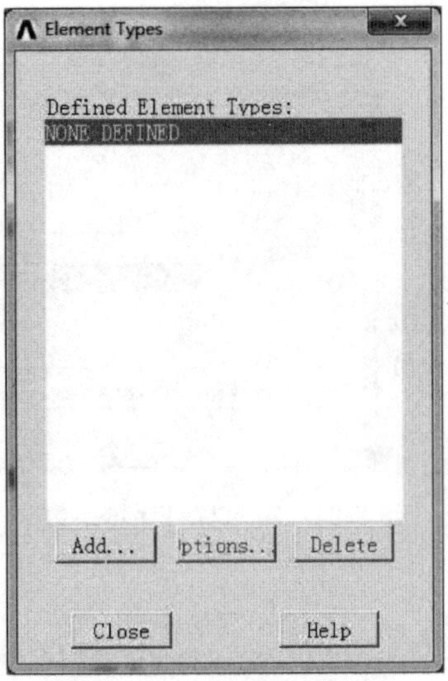

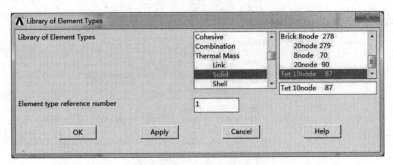

图 2-22 添加单元类型

在图 2-22 中单击"Add…"按钮,弹出 Library of Element Types 对话框,如图 2-23 所示,在下拉列表框中选择 Thermal Solid 和 Tet 10node 87,在文本框中输入 1,单击 OK 按钮,关闭 Library of Element Types 对话框;再单击图 2-22 中的 Close 按钮,关闭 Element Types 对话框。

图 2-23 定义单元类型

4. 定义材料性能参数

1) 输入材料导热系数

在 GUI 界面中选择 Main Menu→Preprocessor→Material Models Defined 命令,弹出 Define Material Model Behavior 对话框,如图 2-24 所示,在 Material Models Available 列表

框中依次双击 Thermal→Conductivity→Isotropic，会出现 Conductivity for Material Number 1 对话框，在 KXX 文本框中输入材料导热系数 72，再单击 OK 按钮，关闭对话框。

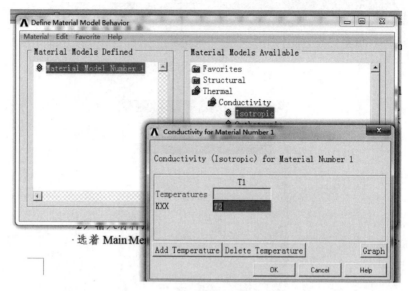

图 2-24　输入材料导热系数

2）输入热膨胀系数

在 GUI 界面中选择 Main Menu→Preprocessor→Material Models Defined 命令，弹出 Define Material Model Behavior 对话框，在 Material Models Available 列表框中依次双击 Structural→Thermal Expansion→Secant Coefficient→Isotropic，弹出 Thermal Expansion Secant Coefficient for Material Number 1 对话框，在 ALPX 文本框中输入 6.5E－006，如图 2-25 所示，然后单击 OK 按钮，关闭对话框。

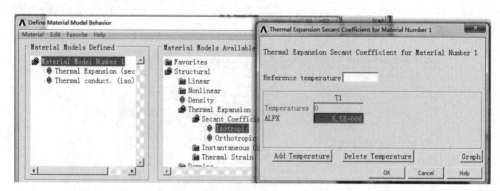

图 2-25　输入热膨胀系数

3）输入材料密度

在 GUI 界面中选择 Main Menu→Preprocessor→Material models Defined 命令，弹出 Define Material Model Behavior 对话框，在 Material Models Available 列表框中依次双击 Structural→Density 选项，会出现 Density for Material Number 1 对话框，在 DENS 对话框中输入材料的密度 1140，如图 2-26 所示，然后单击 OK 按钮，关闭对话框。

第 2 章 金属切削加工实验

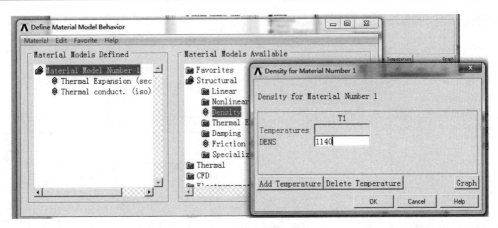

图 2-26　输入材料密度

4) 输入材料的弹性模量和泊松比

在 GUI 界面中选择 Main Menu→Preprocessor→Material models Defined 命令，弹出 Define Material Model Behavior 对话框，在 Material Models Available 列表框中依次双击 Structural→Linear→Elastic→Isotropic 选项，弹出 Linear Isotropic Properties for Material Number 1 对话框，在 EX 文本框中输入材料弹性模量 550E+9，在 PRXY 文本框中输入材料泊松比 0.3，如图 2-27 所示，然后单击 OK 按钮，关闭对话框。

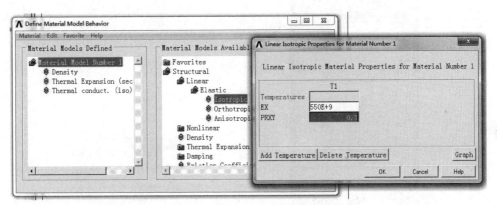

图 2-27　输入材料的弹性模量和泊松比

4. 导入几何模型

在 GUI 界面中选择 Utility Menu→File→Import→PARA 命令，如图 2-28 所示；弹出图 2-29 所示的对话框，选择几何模型文件所在的目录，选中几何模型文件 Model_A320.x_t，然后单击 OK 按钮，关闭对话框。

5. 划分网格

在 GUI 界面中选择 Main Menu→Preprocessor→Meshing→MeshTool 命令，弹出 MeshTool 对话框，如图 2-30 所示；在"Element Attributes"中选择 Global，勾选 Smart Size，拉动调节块使下面的数字到 1，其他默认；单击 Mesh 按钮，弹出 Mesh Volumes 对话框，如图 2-31 所示，选择实体，单击 OK 按钮，关闭对话框；出现划分网格后的模型如图 2-32 所示。

图 2-28 选择模型的类型

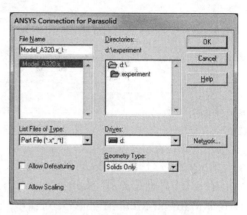

图 2-29 导入几何模型文件

图 2-30 MeshTool 对话框

图 2-31 Mesh Volumes 对话框

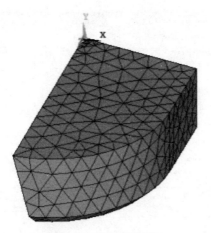

图 2-32 划分的网格

6. 选择分析类型

在 GUI 界面中选择 Main Menu→Solution→Analysis Type→New Analysis 命令,弹出 New Analysis 对话框,选择分析类型 Steady-State,然后单击 OK 按钮,关闭对话框,如图 2-33 所示。

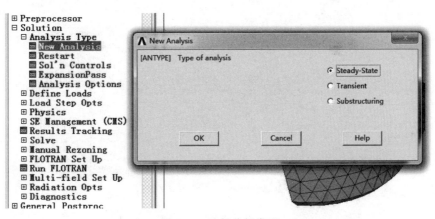

图 2-33 选择分析类型

7. 加载

(1) 在 GUI 界面中选择 Utility Menu→Select→Everything 命令;再在 GUI 界面中选择 Utility Menu→Plot→Lines 命令。

(2) 在 GUI 界面中选择 Utility Menu→PlotCtrls→Numbering 命令,弹出图 2-34 所示的 Plot Numbering Controls 对话框,其中为显示线和面的编号,按图 2-34 所示勾选,最后出现的线框模型,如图 2-35 所示。

(3) 在 GUI 界面中选择 Utility Menu→Select→Entities 命令,弹出 Select Entities 对话框,在第一个下拉列表框中选择 Lines,在第二个下拉列表框中选择"By Num/Pick",在第三个单选按钮中选择 From Full,如图 2-36 所示;单击 OK 按钮,弹出 Select Lines 对话框,选中编号为 15 的线,再单击 OK 按钮,完成线的选择,如图 2-37 所示。

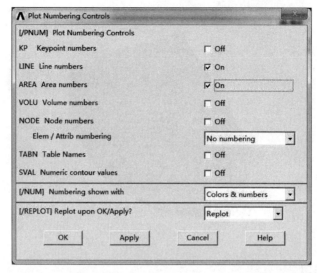

图 2-34 Plot Numbering Controls 对话框

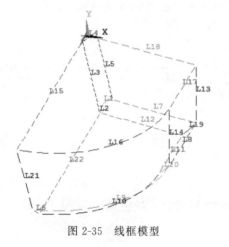

图 2-35 线框模型

图 2-36 选择线对话框

（4）在 GUI 界面中选择 Utility Menu→Select→Entities 命令，会出现 Select Entities 对话框，在第一个下拉列表框中选择 Nodes，在第二个下拉列表框中选择 Attached to，在第三个单选按钮中选择"Lines,all"，单击 OK 按钮，关闭对话框，如图 2-38 所示。

（5）在 GUI 界面中选择 Main Menu→Solution→Define Loads→Apply→Thermal→Temperature→On Nodes 命令，弹出节点选择对话框，可选择要加载的节点，如图 2-39 所示。

（6）选择切削刃 4mm 长度内的节点，单击 OK 按钮，弹出 Apply TEMP on Nodes 对话框，在 Lab2 DOFs to be constrained 列表框中选择 TEMP，在 VALUE Load TEMP value 文本框中输入 940，单击 OK 按钮，关闭对话框，如图 2-40 所示。

（7）在 GUI 界面中选择 Utility Menu→Select→Everything 命令，再在 GUI 界面中选择 Utility menu→Plot→Replot 命令。

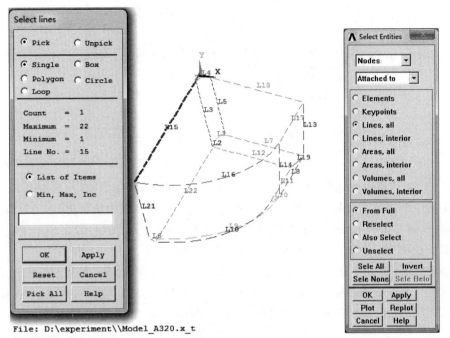

图 2-37 选择线　　　　　　图 2-38 选择线上的节点

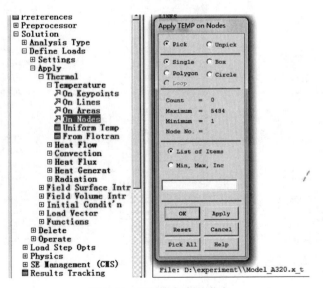

图 2-39 选择要加载的节点

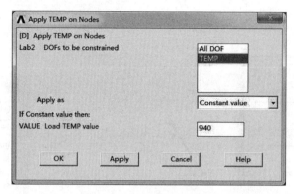

图 2-40 输入节点温度

(8) 在 GUI 界面中选择 Utility Menu→Select→Entities 命令,弹出 Select Entities 对话框,在第一个下拉列表框中选择 Areas,在第二个下拉列表框中选择 By Num/Pick,在第三个单选按钮中选择 From Full,如图 2-41 所示,然后单击 OK 按钮,弹出 Select areas 对话框,如图 2-42 所示,在输入框中填入"2,3,4",单击 OK 按钮,关闭对话框。

(9) 在 GUI 界面中选择 Utility Menu→Select→Entities 命令,弹出 Select Entities 对话框,在第一个下拉列表框中选择 Nodes,在第二个下拉列表框中选择 Attached to,在第三个单选按钮中选择"Areas,all",单击 OK 按钮,关闭对话框,如图 2-43 所示。

图 2-41 选择面对话框

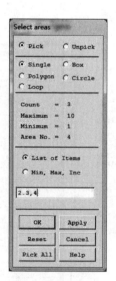
图 2-42 选择面

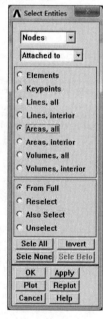
图 2-43 在面上选择节点

(10) 在 GUI 界面中选择 Main Menu→Solution→Define Loads→Apply→Thermal→Temperature→On Nodes 命令,如图 2-44 所示。单击 Pick ALL 按钮,弹出 Apply TEMP on Nodes 对话框,在 Lab2 DOFs to be constrained 列表框中选择 TEMP,在 VALUE Load TEMP value 中输入环境温度 20,单击 OK 按钮,关闭对话框,如图 2-45 所示。

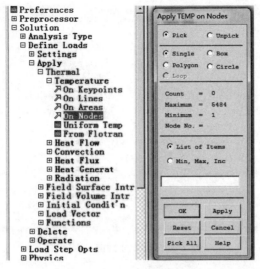

图 2-44　在节点加载温度

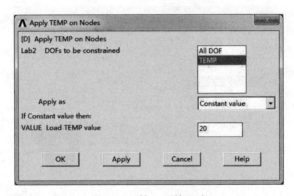

图 2-45　输入环境温度

(11) 在 GUI 界面中选择 Utility Menu→Select→Everything 命令，再在 GUI 界面中选择 Utility Menu→Plot→Replot 命令。

8．求解

(1) 在 GUI 界面中选择 Main Menu→Solution→Loda Opts→Output Ctrls→Solu Printout 命令，弹出 Solution Printout Controls 对话框，在 Item Item for printout control 列表框中选择 Basic quantities，在 FREQ Print frequency 单选按钮中选择 Every substep，如图 2-46 所示，单击 OK 按钮，关闭对话框。

(2) 选择 Main Menu→Solution→Solve→Current LS 命令，弹出 Slove Current Load Step 对话框，同时出现 STATUS Command 窗口，选择 File→Close 命令，关闭窗口。

(3) 单击 Slove Current Load Step 对话框中的 OK 按钮，ANSYS 开始计算求解。

9．输出温度场

(1) 在 GUI 界面中选择 Main Menu→General Postproc→Plot Results→Contour Plot→Nodal Solu 命令，弹出 Contour Nodal Solution Data 对话框。

(2) 在 Item to be contoured 列表框中依次选择 Nodal Solution→DOF Solution→

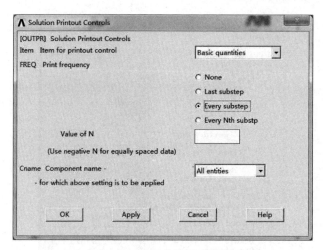

图 2-46　设置分析输出控制

Nodal Temperature,其他按照图 2-47 选择设置。

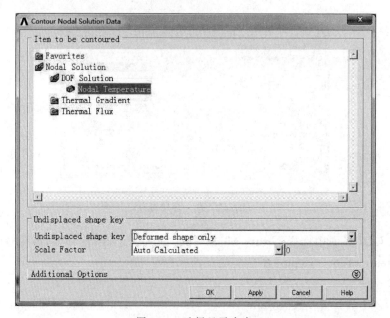

图 2-47　选择显示内容

(3) 单击 OK 按钮,ANSYS 窗口将显示图 2-48 所示的温度场分布。

(4) 选择 Utility Menu→File→Exit 命令,弹出 Exit from ANSYS 对话框,选择"Save Geom+Loads",单击 OK 按钮,关闭 ANSYS,如图 2-49 所示。

2.3.5　实验报告要求

(1) 明确本次实验的目的。

(2) 简述有限元分析法的原理。

(3) 用其他型号的刀具作为实验对象,写出实验操作步骤和实验结果(温度场分布图)。

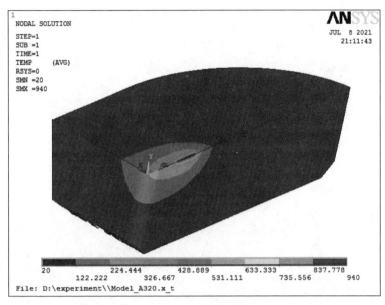

图 2-48　刀具的温度场分布

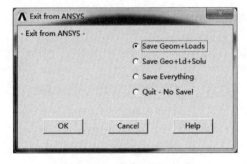

图 2-49　退出 ANSYS

2.3.6　思考题

(1) 刀具的最高温度是否在刀尖上？为什么？
(2) 影响切削温度的因素有哪些？

附录：APDL 命令流程序

```
/FILNAME,cutting_experiment
/TITLE,cutting_experiment
/PREP7
ET,1,SOLID87
MPTEMP,,,,,,,,
MPTEMP,1,0
MPDATA,KXX,1,,72
MPTEMP,,,,,,,,
MPTEMP,1,0
```

```
UIMP,1,REFT,,,
MPDATA,ALPX,1,,6.5e-6
MPTEMP,,,,,,,,
MPTEMP,1,0
MPDATA,DENS,1,,11400
MPTEMP,,,,,,,,
MPTEMP,1,0
MPDATA,EX,1,,550e+9
MPDATA,PRXY,1,,0.3
~PARAIN,'Model_A320','x_t',,SOLIDS,0,0
/NOPR
/GO
SMRT,6
SMRT,1
MSHAPE,1,3D
MSHKEY,0
CM,_Y,VOLU
VSEL, , , ,       1
CM,_Y1,VOLU
CHKMSH,'VOLU'
CMSEL,S,_Y
VMESH,_Y1
CMDELE,_Y
CMDELE,_Y1
CMDELE,_Y2
FINISH
/SOL
ANTYPE,0
ALLSEL,ALL
LPLOT
/PNUM,KP,0
/PNUM,LINE,1
/PNUM,AREA,1
/PNUM,VOLU,0
/PNUM,NODE,0
/PNUM,TABN,0
/PNUM,SVAL,0
/NUMBER,0
/PNUM,ELEM,0
/REPLOT
LSEL,S, , ,      15
NSLL,S,1
FLST,2,6,1,ORDE,4
FITEM,2,200
FITEM,2,203
FITEM,2,205
FITEM,2,-208
D,P51X, ,940, , , ,TEMP, , , ,
ALLSEL,ALL
/REPLOT
FLST,5,3,5,ORDE,2
FITEM,5,2
FITEM,5,-4
ASEL,S, , ,P51X
```

```
NSLA,S,1
FLST,2,566,1,ORDE,12
FITEM,2,2
FITEM,2,-3
FITEM,2,6
FITEM,2,-14
FITEM,2,112
FITEM,2,-198
FITEM,2,226
FITEM,2,-255
FITEM,2,273
FITEM,2,-310
FITEM,2,434
FITEM,2,-833
D,P51X, ,20, , , ,TEMP, , , ,
ALLSEL,ALL
/REPLOT
OUTPR,BASIC,ALL,
/STATUS,SOLU
SOLVE
FINISH
/POST1
/EFACET,1
PLNSOL, TEMP,, 0
FINISH
```

2.4 加工误差统计分析和误差补偿实验

2.4.1 实验目的与要求

(1) 学习加工误差统计分析法的基本理论。

(2) 掌握分布曲线图的作法。

(3) 学会计算分布曲线参数和工艺能力评价,以及分析分布曲线图,并能提出解决加工误差的补偿措施。

2.4.2 实验设备

AMPOT-I 型先进制造过程对象实验平台。

2.4.3 实验原理

图 2-50 所示是 AMPOT-I 型先进制造过程对象实验平台的实物照片,主要由计算机、计算机专用接口卡、测控电路板、机械本体、角位移检测传感器、线位移检测传感器、步进电动机及驱动控制器、驱动软件等组成。系统的总体构成示意图如图 2-51 所示,其中机械本体包含机座、滑动工作台、直线滚动导轨、丝杠螺母副、差动螺母机构、两台步进电动机、两台位移检测传感器等。

本实验通过检测丝杠螺距误差的数据样本来模拟一批零件的加工误差的数据样本,不同截面的丝杠螺距误差可以看作该丝杠车削加工工艺系统中众多随机误差因素综合作用的

图 2-50　AMPOT-I 型先进制造过程对象实验平台

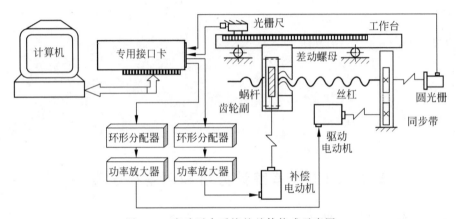

图 2-51　实验平台系统的总体构成示意图

结果。

加工误差可以分为系统误差和随机误差两大类。系统误差是指在顺序加工一批工件时，其加工误差的大小和方向都保持不变或按一定的规律变化，前者称为常值系统误差，是由大小和方向都一定的工艺因素造成的；后者称为变值系统误差，是由大小和方向按一定规律变化的工艺因素造成的。随机误差是指在顺序加工一批工件时，其加工误差的大小和方向都是随机的，是许多相互独立的工艺因素微量的随机变化和综合作用的结果。

实际加工误差往往是系统误差和随机误差的综合表现，因此，在一定的加工条件下，要判断是哪种因素起主导作用，就必须先掌握一定的数据资料，再对这些数据资料进行分析研究，判断误差的大小、性质及其变化规律等。然后再针对具体情况采取相应的工艺措施。

统计分析方法可用来研究、掌握误差的分布规律和统计特征参数，将系统误差和随机误差区分开来。

1. 分布图分析法

根据概率论理论，相互独立的大量随机变量，其总和的分布接近正态分布。这就是说，对于随机误差，应满足正态分布。

根据数理统计的原理，随机变量全体（总体）的算术平均值和标准差可用部分随机变量的算术平均值 $\bar{X}$ 和标准差 S 来估算，其值很接近。这样就可由抽检样本来估算整体。

在机械加工中,用调整法加工一批零件,当不存在明显的变值系统误差因素时,其尺寸分布近似正态分布。根据该误差数据样本可以绘制实验分布图(即直方图)和正态分布曲线。若该分布图呈正态分布,则表明加工过程中是影响不突出的随机性误差起主导作用,而变值系统性误差作用不明显;若分布图的平均偏差与公差带中点坐标不重合,则表明存在常值系统误差;若所分析的误差呈非正态分布,则说明变值系统误差作用突出。

1) 实验分布图(即直方图)的绘制方法

(1) 确定分组数。假设有一个误差数据样本,其样本容量为 n,样本数据的最大值为 $x_{\max}$,最小值为 $x_{\min}$,并记极差 $R = x_{\max} - x_{\min}$。

实践证明,组数太少会掩盖组内数据的变动情况,组数太多会使各组的高度参差不齐,从而看不出变化规律。通常确定的组数要使每组平均至少 4 个或 5 个数据。将数据分为 K 组,K 的选取与样本容量 n 的大小有一定的关系,可参见表 2-7。

表 2-7 分组数的选定

n	25~40	40~60	60~100	100	100~160	160~250	250~400	400~630	630~1000
K	6	7	8	10	11	12	13	14	15

(2) 计算组距 h。确定了 K 值以后,即可按式(2-21)确定组距:

$$h = \frac{R}{k-1} = \frac{x_{\max} - x_{\min}}{k-1} \tag{2-21}$$

(3) 确定各组组界,即

$$x_{\min} + (i-1)d \pm \frac{d}{2} \quad (i = 1, 2, \cdots, k) \tag{2-22}$$

(4) 确定各组中值,即

$$x_{\min} + (i-1)d \quad (i = 1, 2, \cdots, k) \tag{2-23}$$

(5) 统计各组频数,填写频数分布表。样本值落在同一误差组的个数即为频数 m_i,频数与样本容量 n 之比,称为频率 f_i。

(6) 以频数或频率为纵坐标,组距为横坐标,画出一系列长方形,即直方图(见图 2-52)。

直方图能够更形象、更清楚地反映出小轴尺寸分散的规律性。如果将各矩形顶端的中心点连成曲线,就可以绘出一条中间凸起两边渐低的频率分布曲线。

2) 正态分布曲线的绘制方法

正态分布的概率密度函数为

$$y = \frac{1}{\sigma\sqrt{2\pi}} e^{-\frac{1}{2}\left(\frac{x-\mu}{\sigma}\right)^2} \tag{2-24}$$

其中,σ、μ 是正态分布曲线的两个特征参数,分别为随机变量总体的标准差和均值。

样本标准差的估算值为

$$S = \sqrt{\frac{1}{n-1}\sum_{i=1}^{n}(x_i - \bar{x})^2} \tag{2-25}$$

样本的均值为

$$\bar{x} = \frac{1}{n}\sum_{i=1}^{n} x_i \tag{2-26}$$

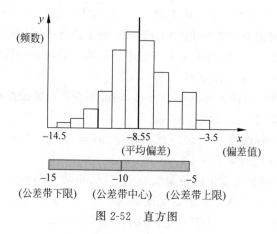

图 2-52 直方图

根据 $\bar{x}$ 和 S 可以绘出样本的正态分布曲线。

3）工艺能力评价

采用工艺能力系数 C_p 评价工艺能力。分布曲线也是加工精度的客观标志，抽查部分零件时，如果加工尺寸服从正态分布，则尺寸分散范围 6σ（$\pm 3\sigma$，99.73% 的概率）代表了这种加工方法的平均经济加工精度。

若零件加工公差带为 T，则工艺能力系数为

$$C_p = T/6\sigma \tag{2-27}$$

根据工艺能力系数大小，可将工艺能力分为 5 级，见表 2-8。

表 2-8 工艺能力等级

工艺能力系数	工序等级	说　　明
$1.67 \leqslant C_p$	特级	工艺能力过高，可以允许有异常波动，不经济
$1.33 \leqslant C_p < 1.67$	一级	工艺能力足够，可以允许有一定的异常波动
$1.00 \leqslant C_p < 1.33$	二级	工艺能力勉强，需密切注意
$0.67 \leqslant C_p < 1.00$	三级	工艺能力不足，会出现少量不合格品
$C_p < 0.67$	四级	工艺能力很差，必须加以改进

对于 $C_p \leqslant 1.00$ 的工艺应采取措施，提高工艺能力系数，以保证产品的加工质量。

2. 点图法

由于分布图法采用随机样本，不考虑加工顺序，因而不能反映误差大小、方向随加工先后顺序的变化。此外，分布图法是在一批工件加工结束以后进行分析的，它不能及时反映加工过程误差的变化，不利于控制加工误差。因此，如何使工艺过程在给定的运行条件下及给定的工作时间内，稳定可靠地保证加工质量是一个重要问题。这就是工艺过程稳定性的问题。

按照概率论中的中心极限定律，无论何种分布的大样本，其中小样本的平均值都趋向于服从正态分布，这样，从统计分析的一般角度认为，若某一项质量数据的总体分布参数（如 σ、μ）保持不变，则这一工艺过程是稳定的。因此，可通过分析样本统计特征值 $\bar{x}$、S 推知工艺过程是否稳定。样本属于同一个总体，若样本统计特征值 $\bar{x}$、S 不随时间变化，则工艺过程是稳定的。总体分布参数 μ 可用样本平均值 $\bar{x}$ 的平均值 $\bar{\bar{x}}$ 估算，总体分布参数 σ 可用样

本极差的平均值 R 来估算。通常采用点图(控制图)法进行工艺过程稳定性的分析。用点图分析工艺过程稳定性时,首先要采集顺序样本,这样的样本可以得到在时间上与工艺过程运行同步的有关信息,反映出加工误差随时间变化的趋势,以便对加工工艺过程质量的稳定性随时进行监视,防止产生废品。

误差点图分为单值点图和样组点图两类,其中样组点图中较常用的是 $\bar{x}$-R 点图(即平均值-极差点图)。$\bar{x}$-R 图是平均值 $\bar{x}$ 控制图和极差 R 控制图联合使用时的统称。前者控制工艺过程质量指标的分布中心,后者控制工艺过程质量指标的分散程度。

根据数理统计的中心极限定律,即使不知道原始数据的分布,但由它们的平均值分布近似正态分布也可以知道样本平均值的分布更接近正态分布,此时所需样本的容量也越小。

$\bar{x}$-R 点图的绘制方法如下:

1) 数据抽样

绘制 $\bar{x}$-R 图是以小样本顺序随机抽样为基础的,通常的要求是在工艺过程进行中,每隔一定的时间(如 0.5 h 或 1 h),从这段时间内加工的工件中随机抽取几件作为小样本,小样本的容量 $N=2\sim10$ 件,求出小样本统计特征值的平均值和极差 R。经过若干时间后,取得 K 个小样本,通常取 $K=20$,这样,抽取样本的总容量一般不少于 100 件,以保证有较好的代表性。在本实验中,由于实验时间的限制,先依次采取样本的总容量数据,再按小样本容量将总容量分成 K 组,以这种方法来代替上述 $\bar{x}$ 数据抽样过程。

2) 绘制 $\bar{x}$ 点图和 R 点图

以分组序号为横坐标,每组误差的平均值 $\bar{x}$ 为纵坐标绘制 $\bar{x}$ 点图;以分组序号为横坐标,每组误差的最大值与最小值之差 R 为纵坐标绘制 R 点图。$\bar{x}$、R 的计算式为

$$\bar{x} = \frac{1}{m}\sum_{i=1}^{m} x_i \qquad (2\text{-}28)$$

$$R = x_{\max} - x_{\min} \qquad (2\text{-}29)$$

式中,$x_{\max}$,$x_{\min}$ 分别为每组工件的最大、最小值;m 为每组工件的数量(即小样本容量);x_i 为误差值。

经过一段时间后,可取得若干各个(如 k 个)小样本,将各组小样本的 $\bar{x}$ 值和 R 值分别点在相应的 $\bar{x}$ 图和 R 图上,便制成了 $\bar{x}$-R 图,然后再绘制 $\bar{x}$-R 图的中心线和上下控制线,如图 2-53 所示。

$\bar{x}$-R 图的上、下控制线和中心线分别按式(2-30)~式(2-35)计算:

对 $\bar{x}$ 图的中心线,有

$$\text{CL} = \bar{\bar{x}} = \frac{1}{k}\sum_{i=1}^{k} \bar{x}_i \qquad (2\text{-}30)$$

对 $\bar{x}$ 图的上控制线,有

$$\text{UCL} = \bar{\bar{x}} + A\bar{R} \qquad (2\text{-}31)$$

对 $\bar{x}$ 图的下控制线,有

$$\text{LCL} = \bar{\bar{x}} - A\bar{R} \qquad (2\text{-}32)$$

对 R 图的中心线,有

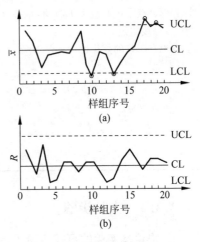

图 2-53 $\bar{x}$-R 图

(a) $\bar{x}$ 图;(b) R 图

$$CL = \bar{R} = \frac{1}{k}\sum_{i=1}^{k} R_i \tag{2-33}$$

对 R 图的上控制线,有

$$UCL = D_1 \bar{R} \tag{2-34}$$

对 R 图的下控制线,有

$$LCL = D_2 \bar{R} \tag{2-35}$$

式中,$\bar{R} = \frac{1}{k}\sum_{i=1}^{k} R_i$ 为小样本极差 R_i 的平均值;

A、D_1、D_2 为常数,可通过表 2-9 查到。

表 2-9 A、D_1、D_2 的值

m	4	5	6	7	8
A	0.7285	0.5768	0.4833	0.4193	0.3728
D_1	2.2819	2.1102	2.0039	1.9242	1.8641
D_2	0	0	0	0.0758	0.1359

结合 $\bar{x}$-R 图上的平均线、控制线,可根据误差点的变化,判断工艺过程的稳定性。控制图上点的变化情况反映了工艺过程是否稳定。点图上点的波动有两种情况。第一种情况只是随机性波动,其特点是浮动的幅值一般不大,这种正常波动是工艺系统稳定的表现。第二种情况是工艺过程中存在某种占优势的误差因素,使点图上的点具有明显的上升或下降倾向,或出现幅值很大的波动,这种情况一般称为工艺系统不稳定。因此,一旦出现异常波动,就应及时查找原因。

正常波动与异常波动判别见表 2-10。

表 2-10 正常波动与异常波动标志

正 常 波 动	异 常 波 动
① 没有点超出控制线; ② 大部分点在中心线上下波动,小部分点在控制线附近; ③ 点没有明显的规律性	① 有点超出控制线; ② 点密集在中线附近; ③ 点密集在控制线附近; ④ 连续 7 点以上出现在中线一侧; ⑤ 连续 11 点中有 10 点出现在中线一侧; ⑥ 连续 14 点中有 12 点出现在中线一侧; ⑦ 连续 17 点中有 14 点出现在中线一侧; ⑧ 连续 20 点中有 16 点出现在中线一侧; ⑨ 点有上升或下降的倾向; ⑩ 点有周期性波动

2.4.4 实验步骤

1. 构建本实验的测控实验平台

以被测丝杠的误差为统计分析的依据,被测丝杠由动力源模块驱动,尾顶尖模块的尾顶针顶住丝杠末端。将测头置于被测丝杠的螺旋槽内,并由磁力千分表架夹持,固定在安装平

台模块的滑动工作台上。当被测丝杠旋转时,螺旋槽推动测头连同滑动工作台移动,通过分析编码盘和光栅尺的实际读数即可计算出螺距误差。

2. 选择进入实验界面

双击 AMPOT-Ⅰ图标,进入实验平台的主服务台。单击"误差分析"按钮进入"实验 1.1　加工误差的统计分析"用户界面,也可以从下拉菜单"选择实验"中选择进入实验界面。加工误差的统计分析实验界面如图 2-54 所示(说明:图中的实验 1.1 是 AMPOT-Ⅰ型先进制造过程对象实验平台中的实验序号)。

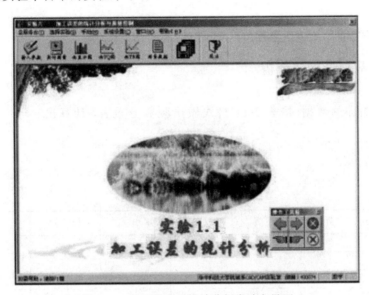

图 2-54　加工误差的统计分析实验主界面

选择实验后,系统进入图 2-54 所示的界面。软件菜单中设有:①总服务台,用户可以随时回到总服务台的界面;②选择实验,用户不必回到总服务台即可任何时候选择别的实验;③手动,用于控制工作台的前进、后退与停止;④系统设置,用于设置延时(当接口卡不能正常工作时,可适当增大设置)及打印放大系数;⑤帮助,按 F1 键或单击"帮助"按钮,即可查找在线帮助。(与总服务台工具栏上的按钮相同)

右下角的操作控制箱按钮分别控制丝杠前进、后退、停止和差动螺母正转、反转、停止。

3. 输入运行参数

单击"输入参数"按钮,弹出"运行参数设置"对话框,可以采用缺省值,也可以修改参数。参数的定义和范围如下:

(1) 采样点数,指实时测量时将采集的误差数据点数,亦即样本容量 n,为 0～600 的整数。

(2) 采样密度,是指丝杠每转一周被采集的点数,为 5～40 的整数。

(3) 前进转速,代表主驱动电动机驱动的丝杠的前进速度,为 10～60 r/min 的整数。

(4) 后退转速,代表主驱动电动机驱动的丝杠的后退速度,为 10～80 r/min 的整数。

(5) 直方组数,进行误差的分布图分析时设定的分组数,为 1～40 的整数。分组数大小的选取与样本容量 n 的大小有关,请参照表 2-7。

(6) 样本容量,实际上是小样本容量,是指按照该小样本容量的大小将顺序采样的一组数据分成若干个小样本,即进行点图分析时用到的参数 m,为 4~6 的整数。

4. 实时测量

单击"实时测量"按钮后,系统将以上述运行参数驱动工作台前进并进行数据测量,测量数据以文本格式存入文件"实验 1.1 加工误差统计分析与质量控制.DAT"中。

5. 打印数据

进行实时测量后,可单击图标"测量数据"显示所测误差数据的数值,并将数据打印出来。

6. 退出

单击"退出"图标,则退出 AMPOT-Ⅰ软件,实验结束。

2.4.5 数据处理和分析

(1) 根据打印的数据,按表 2-11 格式做出频数分布表,计算出 $\bar{x} = \frac{1}{n}\sum_{i=1}^{n} x_i$ 和 $S = \sqrt{\frac{1}{n-1}\sum_{i=1}^{n}(x_i - \bar{x})^2}$。

表 2-11 频数分布表

组 号	组 界	组中间值	频数 m_i	频率 f_i	累计频数	累计频率
1						
2						
3						
4						
5						
6						
7						
8						
9						
10						
11						

(2) 按表 2-12 格式记录 $\bar{x}$-R 控制图的数据,计算出总平均值 $\bar{R} = \frac{1}{k}\sum_{i=1}^{k} R_i$ 和极差平均值 $\bar{\bar{x}} = \frac{1}{k}\sum_{i=1}^{k} \bar{x}_i$。

表 2-12 $\bar{x}$-R 图数据表

样本序号	样本均值 $\bar{x}$	样本极差 R
1		
2		
3		
4		
5		

续表

样本序号	样本均值 $\bar{x}$	样本极差 R
6		
7		
8		
9		
10		
11		
12		
13		
14		
15		
16		
17		
18		
19		
20		

注：小样本件数 $n=5$，样本组数 $k=20$。

(3) 实验结果整理与分析。

① 绘制直方图和实验分布曲线，判断加工误差性质，求出工序能力系数，估算合格率。

② 绘制 $\bar{x}$-R 图，判断工艺过程的稳定性。

2.4.6 思考题

(1) 从统计上来说，加工误差有哪几种？

(2) 分布曲线法和点图分析法各自的优点、缺点是什么？

(3) 正态分布有什么特点？

2.5 计算机辅助工艺过程设计实验

2.5.1 实验目的

(1) 掌握 CAXA 工艺图表软件的功能及使用方法，提高计算机的工程应用能力。

(2) 了解计算机辅助工艺过程设计的实现过程。

2.5.2 实验设备

计算机、CAXA 工艺图表软件。

2.5.3 实验原理

计算机辅助工艺过程设计（computer aided process planning，CAPP）是指用计算机辅助人进行机械加工工艺规程的编制，它从根本上解决了人工设计效率低、周期长、成本高的问题，而且能够提高工艺过程设计的质量，有利于实现工艺过程设计的优化和标准化。计算机辅助工艺过程设计能够节约工艺人员的大量重复劳动时间,使他们能够集中精力提高产品质量和工艺水平。计算机辅助工艺过程设计也是连接 CAD 和 CAM 系统的桥梁,是发展计算机集成制造不可或缺的关键技术。

1. CAPP 系统的工作原理

CAPP 的研究与发展经历了漫长而曲折的过程,目前,国内外已开发出面向不同工艺类型和对象的多种 CAPP 系统,按工作原理划分,主要有以下三种类型:

1) 派生式 CAPP 系统

派生式 CAPP 系统又称变异式 CAPP 系统,是以成组技术为基本思想,按结构和工艺的相似性将零件分成族,为每个零件族设计一个典型零件,制定典型零件的工艺规程。通过检索典型零件的工艺,加以删减或编辑可以派生一个新零件的工艺规程。

派生式 CAPP 系统的建立工作可分为两个阶段:

(1) 准备阶段

准备阶段的主要工作包括:a.应用成组技术将工艺相似的零件汇集成零件组;b.使用综合零件法或综合路线法为每一个零件组制定适合本企业的成组工艺规程,即零件组的标准工艺规程。

(2) 使用阶段

将零件组标准工艺规程以一定的形式存储在计算机的数据库中,当需要设计一个零件的工艺规程时,计算机根据输入的零件成组编码(也可以根据输入零件的有关信息,由计算机自动进行成组编码),查找零件所属的零件组(零件组通常以码域矩阵的形式存储在计算机内),检索并调出相应零件组的标准工艺规程。在此基础上,根据每个零件的结构和工艺特征,对标准工艺规程进行删改和编辑,便可得到该零件的工艺规程。删改和编辑工作可通过人机交互的方式完成,也可以按事先存入计算机的编辑修改规则根据输入的有关零件信息自动实现。

派生式 CAPP 系统程序设计简单,易于实现,特别适用于回转类零件的工艺规程设计,所以派生式 CAPP 系统是回转类零件计算机辅助工艺规程设计的主要方式。但是,派生式 CAPP 系统通常以企业现有的工艺规程为基础,具有较浓厚的企业色彩,因而有较大的局限性。

2) 创成式 CAPP 系统

创成式 CAPP 系统与派生式 CAPP 系统不同,它不是依靠对已有的标准工艺规程进行删改和编辑来生成新的工艺规程,而是根据输入的零件信息,按存储在计算机内的工艺决策算法和逻辑推理方法从无到有地生成零件的工艺规程。

创成式 CAPP 系统一般不需要人工干预,自动化程度较高,且决策更科学,更具有普遍性。但由于目前工艺过程设计经验的成分居多,理论还不完善,完全使用创成式 CAPP 系统进行工艺过程设计还有一定的困难。

3) 半创成式 CAPP 系统

派生式 CAPP 系统以企业现行工艺和个人经验为基础,难以保证设计结果最优,且局限性较大;完全的创成式 CAPP 系统目前还不成熟。将两种方法结合起来,互相取长补短,是一种可取的方案,这就是半创成式 CAPP 系统。在半创成式 CAPP 系统中,通常对于可以采用创成的部分尽量采用创成方法,在难以实现创成的部分,则采用派生方法或交互方法。

由于半创成式 CAPP 系统集中了派生式和创成式 CAPP 系统的优点,同时又克服了两者的不足,所以得到了普遍应用。

2. CAXA 工艺图表软件介绍

CAXA 工艺图表与 CAD 系统的完美结合使得表格设计精确而快捷,具有功能强大的各类卡片模板定制手段、所见即所得的填写方式,智能关联填写和丰富的工艺知识库使得卡片的填写准确而轻松;特有的导航与辅助功能全面实现了工艺图表的管理。

1) 与 CAD 系统的完美结合

CAXA 工艺图表全面集成了电子图板,可完全按电子图板的操作方式使用,利用电子图板强大的绘图工具、标注工具、标准件库等功能,可以轻松制作各类工艺模板,灵活快捷地绘制工艺文件所需的各种图形,高效地完成工艺文件的编制。

2) 快捷的各类卡片模板定制手段

利用 CAXA 工艺图表的模板定制工具可以对各种类型的单元格进行定义,按用户的需要定制各种类型的卡片。系统提供完整的单元格属性定义,可以满足用户的各种排版与填写需求。

3) 所见即所得的填写方式

CAXA 工艺图表的填写与 Word 一样实现了所见即所得,文字与图形直接按排版格式显示在单元格内。除单元格底色外,用户通过 CAXA 浏览器看到的填写效果与绘图输出得到的实际卡片是相同的。

2.5.4 实验步骤和方法

1. 练习工艺文件的建立

单击 ▯ 图标,或者选择"文件"→"新文件"命令,或者按快捷键 Ctrl+N,弹出"新建"对话框,如图 2-55 所示,用户可选择新建工艺规程文件或工艺卡片文件。

1) 新建工艺规程文件

在"工艺规程"选项卡中显示了现有的工艺规程模板,选择所需的模板并单击"确定"按钮,系统便自动切换到"工艺环境",并根据模板定义,生成一张工艺过程卡片。由工艺过程卡片开始,可以填写工艺流程、添加并填写各类卡片,最终完成工艺规程的建立。

2) 新建工艺卡片文件

在"工艺卡片"选项卡中显示了现有的工艺卡片模板,选择所需的模板并单击"确定"按钮,系统便自动切换到"工艺环境",并生成工艺卡片,供用户填写。

2. 练习工艺文件的打开

单击 ▯ 图标,或者选择"文件"→"打开文件"命令,或者按快捷键 Ctrl+O,弹出"打开"文件对话框,如图 2-56 所示。在"文件类型"下拉列表中选择"电子图板工艺版工艺文件(*.cxp)",在文件浏览窗口中选择要打开的文件,单击"确定"按钮,系统自动切换到"工艺环境",打开工艺文件,进入卡片填写状态。

3. 单元格填写

新建或打开文件后,将系统切换到卡片的填写界面。图 2-57 所示是机械加工工艺过程卡片的填写界面,把相应的内容填入即可完成机械加工工艺过程卡片的填写。机械加工工艺过程卡片的填写有多种方式,如手工输入、知识库关联填写、公共信息填写等。下面介绍

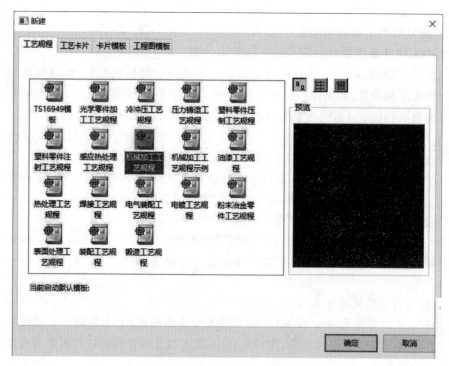

图 2-55　新建文件对话框

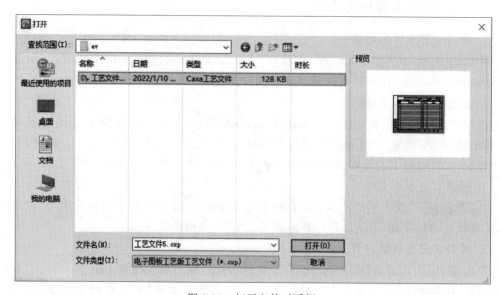

图 2-56　打开文件对话框

手工输入的方法。

1) 单元格文字输入

单击要填写的单元格,单元格底色发生改变,且光标在单元格内闪动,此时可以在单元格内键入要填写的内容,如图 2-58 中的单元格输入"齿轮箱上盖"。

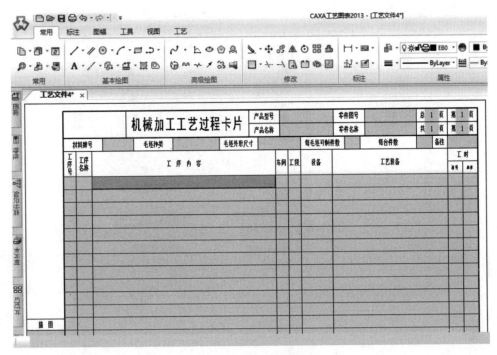

图 2-57 卡片填写界面

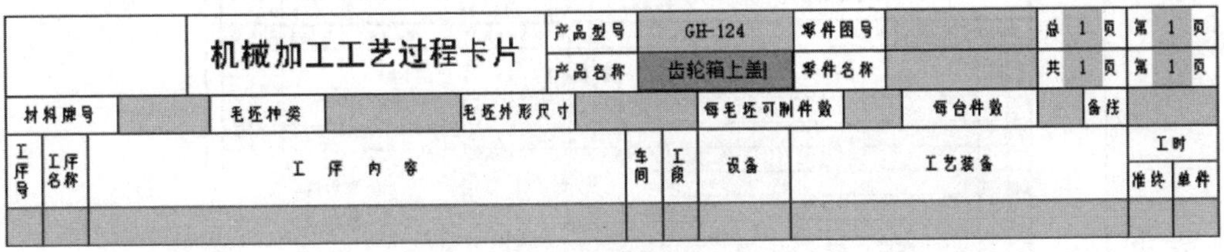

图 2-58 单元格文字输入

按住鼠标左键不放,选中单元格内的文字,然后右击,弹出图 2-59 所示的快捷菜单,选择"剪切""复制""粘贴"命令可以方便地在各单元格间填写文字。外部字处理软件(如记事本、WPS、Word 等)中的文字字符,也可以通过这些命令方便地填写到单元格中。

如果要改变单元格填写时的底色,只需选择"工具"→"选项"命令,弹出图 2-60 所示的对话框,选中"显示",在"颜色设置"选项下选择所需的颜色即可。

2) 插入与编辑特殊符号

(1) 插入特殊符号

在单元格内右击,选择快捷菜单中的"插入"命令,如图 2-61 所示,可以直接插入常用符号、图符、公差、上下标、分式、粗糙度、形位公差、焊接符号和引用特殊字符集。下面对各种特殊符号的输入做详细说明。

图 2-59 快捷菜单

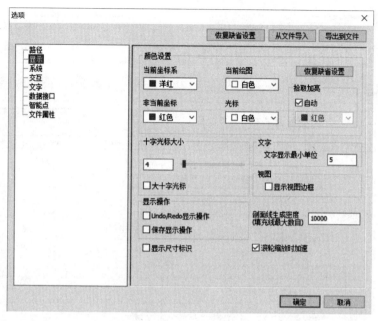

图 2-60 选项对话框

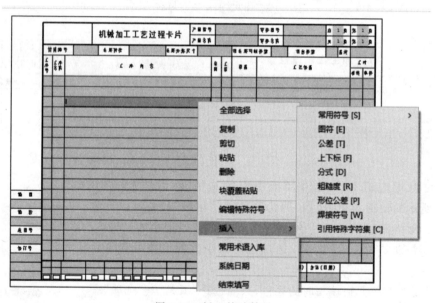

图 2-61 插入特殊符号

① 插入常用符号。在填写状态下,将光标移到单元格中,再右击,在弹出菜单的"插入"中选择"常用符号"命令,即可弹出常见的各种符号,选中要插入的符号,然后单击,即完成填写,如图 2-62 所示。

② 插入图符。在填写状态下,右击,弹出快捷菜单,选择"插入"→"图符"命令,弹出"输入图形"对话框,在文字框中填写文字,再单击需要的样式,就可以将图符输入单元格中,如图 2-63 所示。

第 2 章 金属切削加工实验

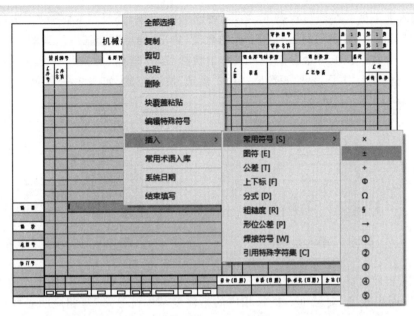

图 2-62 插入常用符号

③ 插入公差。在填写状态下,右击,弹出快捷菜单,选择"插入"→"公差"命令,弹出"尺寸标注属性设置(请注意各项内容是否正确)"对话框,可填写基本尺寸、上下偏差、前后缀,并选择需要的输入/输出形式,其中输入形式有代号、偏差、配合和对称四种,根据提示输入相应的内容,单击"确定"按钮,完成填写,图 2-64 中的输入形式为"配合"。

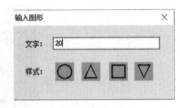

图 2-63 插入图符

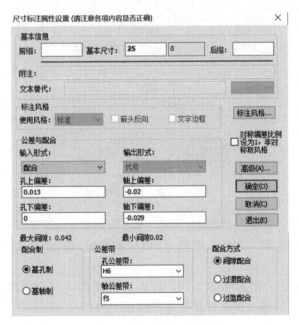

图 2-64 尺寸标注属性设置

④ 插入上下标。在填写状态下,右击,弹出快捷菜单,选择"插入"→"上下标"命令,弹出"上下标"对话框,分别填写上标和下标的数值,单击"确定"按钮完成,如图 2-65 所示。

⑤ 插入分数。在填写状态下,右击,弹出快捷菜单,选择"插入"→"分数"命令,便弹出"分数"对话框,填写分子、分母的数值,单击"确认"按钮完成,如图 2-66 所示。

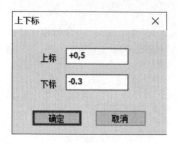

图 2-65　插入上下标

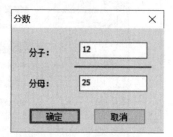

图 2-66　插入分数

⑥ 插入表面粗糙度。在填写状态下,右击,弹出快捷菜单,选择"插入"→"粗糙度"命令,弹出"表面粗糙度"对话框。选择相应的粗糙度基本符号,填写相应的参数值,单击"确定"按钮完成,如图 2-67 所示。

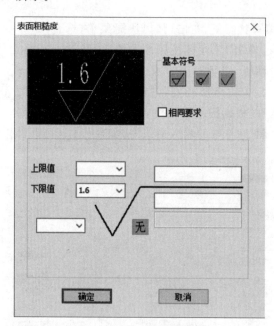

图 2-67　插入表面粗糙度

⑦ 插入形位公差。在填写状态下,右击,弹出快捷菜单,选择"插入"→"形位公差"命令,弹出"形位公差"对话框。选择公差代号,填写参数值,单击"确定"按钮完成,如图 2-68 所示。

⑧ 插入焊接符号。在填写状态下,右击,弹出快捷菜单,单击"插入"→"焊接符号"命令,弹出"焊接符号"对话框。根据焊接类型选择相应的符号,填写相关参数,单击"确定"按钮完成,如图 2-69 所示。

⑨ 插入特殊字符集。在填写状态下,右击,弹出快捷菜单,选择"插入"→"引用特殊字

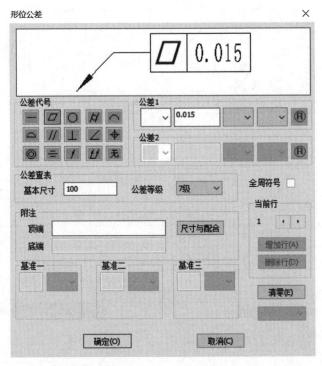

图 2-68 插入形位公差

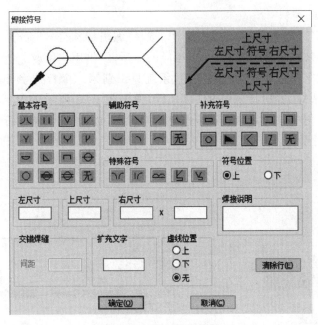

图 2-69 插入焊接符号

符集"命令,弹出"字符映射表"对话框(见图 2-70)。选择需要的字符,单击"选择"按钮,使被选定的字符显示在"复制字符"的文本框中。单击"复制"按钮,回到单元格中,选择快捷菜单中的"粘贴"命令将字符插入单元格中。

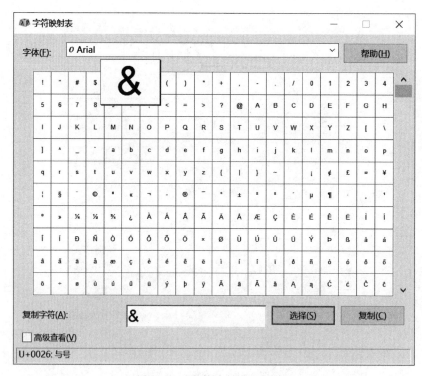

图 2-70 "字符映射表"对话框

(2) 特殊符号的编辑

单击选中特殊符号,右击,弹出快捷菜单,选择"编辑特殊符号"命令,如图 2-71 所示,系统自动识别所选中特殊符号的类型,弹出相应的对话框,供用户修改。

如果选中的文字中包含多个特殊字符,系统只识别第一个特殊字符。如果选中的字符中没有特殊字符,选择"编辑特殊符号"命令后,弹出图 2-72 所示的对话框。对于"常用符号""引用特殊字符集"生成的特殊符号,系统不能识别,选择"编辑特殊符号"命令后,也会弹出图 2-72 所示的对话框。

图 2-71 "编辑特殊符号"命令

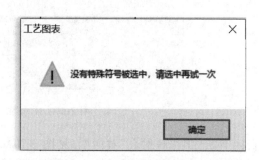

图 2-72 系统提示对话框

4. 工序图的绘制

1) 直接绘制

在 CAXA 工艺图表的工艺环境下,利用集成的电子图板绘图工具,可直接在卡片中绘制工艺附图。典型的工艺环境界面如图 2-73 所示。

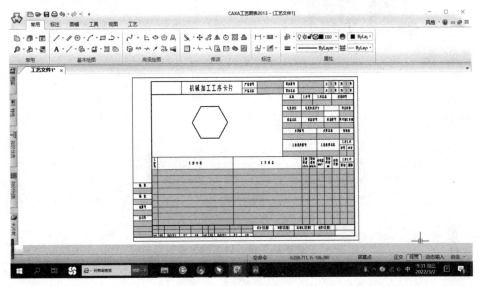

图 2-73 工序图绘制界面

通过以下功能或方法可以实现工序图的绘制:

(1) 利用绘图工具栏提供的绘制、编辑功能可以完成工艺附图中各种图样的绘制。

(2) 利用标注工具栏可以完成工序图的标注。

(3) 窗口底部的立即菜单提供当前命令的选项。

(4) 窗口底部的命令提示给出当前命令的操作步骤提示。

(5) "屏幕点"设置可方便用户对屏幕点的捕捉。

(6) 用户也可以使用主菜单中的相应命令完成工序图的绘制。

2) 在卡片中插入 DWG、DXF 等文件

在图 2-73 所示的界面中,选择"工艺"→"插入图形文件"命令,弹出"并入文件"对话框,先选择图形的路径,再选择需要插入的文件,如图 2-74 所示。如果要插入 DWG、DXF 文件,还可以修改图形,就像上述直接绘制一样。另外还可以插入 WMF、IGES 格式的图片。

2.5.5 实验内容

在掌握上述操作的基础上,填写一张工艺过程卡片和一张机械加工工序卡片。具体内容如下。

1) 工艺过程卡片

某偏心轴的材料为 45 钢,毛坯种类为圆棒料,外形尺寸为 $\phi 25 \times 247$,它的工艺过程见表 2-13。

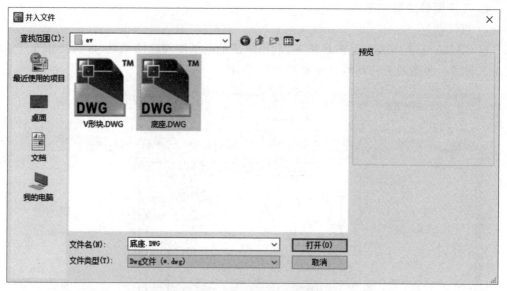

图 2-74 选择插入的图形文件

表 2-13 偏心轴工艺过程

工序号	工序名称	工序内容	车间	机床	工装	刀具
1	落料	$\phi 25 \times 247$	锯			
2	粗车	车端面钻端中心孔,控制总长 243 mm,以两顶尖装夹工件,车削 $\phi 20_{-0.04}^{-0.02}$ mm 至 $\phi 23_{-0.5}^{0}$ mm×243 mm	金工	C616 型车床	三爪卡盘、顶尖	偏刀、中心钻
3	热处理	调质 220~250HB				
4	半精车	车端面修整中心孔,控制总长 $242_{-0.5}^{0}$ mm,两顶尖装夹工件,按图车削	金工	C616 型车床	三爪卡盘、顶尖	偏刀、中心钻
5	磨	两顶尖装夹工件,按图样要求磨削 $\phi 12_{-0.033}^{-0.016}$ mm、$\phi 12_{-0.020}^{-0.014}$ mm、$\phi 20_{-0.04}^{-0.02}$ mm 至要求		M1420 型磨床	顶尖	
6	检验	根据图样要求检验、入库				

2) 机械加工工序卡片

某零件的第二个工序为车削低平面及倒角,采用 CA6140 型车床,用气动弹簧芯轴为夹具,以游标卡尺(0~125 mm)为测量工具,工序简图如图 2-75 所示,具体内容见表 2-14。

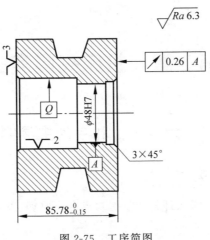

图 2-75 工序简图

表 2-14 工序内容

工步号	工步内容	设备	工具
1	粗车底平面尺寸到 $86.481_{-0.40}^{0}$ mm	车床	粗端面车刀 YT5
2	半精车底平面尺寸到 $85.78_{-0.15}^{0}$ mm	车床	半精端面车刀 YT5
3	倒角 $3\times45°$	车床	倒角车刀

2.5.6 实验报告要求

(1) 明确本次实验的目的。
(2) 写出实验的操作步骤,附上编制完成的工艺过程卡片和机械加工工序卡片。

2.5.7 思考题

(1) 简述派生式 CAPP 系统进行工艺规程设计的方法及步骤。
(2) 简述 CAXA 工艺图表软件的特点。

自测题 2

第 3 章　机床夹具实验

3.1　六点定位和手动夹具实验

3.1.1　实验目的与要求

（1）通过六点定位实验，深入理解和掌握六点定位原理，以及完全定位、不完全定位、欠定位、过定位的基本概念。

（2）掌握欠定位与过定位、完全定位与不完全定位之间的区别和使用方法等。

3.1.2　实验设备

HJD-JZ2 自动化夹具综合实验台。

3.1.3　实验原理

1. 定位的基本概念

在机械加工中，为了保证工件各加工表面间的相互位置精度，工艺系统的各要素，即机床、刀具、组合夹具及工件之间，要有正确的相对位置关系。所以，必须先将工件在机床上或夹具中装夹好，使工件在机床上或夹具中占据一个正确的位置，即定位。工件在夹具上定位的任务是：既要保证单个工件相对于已经调整好刀具位置的准确性，又要保证一批工件相对于刀具位置的一致性。

2. 六点定位原理

当工件不受任何条件约束时，其位置是任意的和不确定的。设工件为一理想的刚体，并以一个空间直角坐标系作为参照来观察刚体的位置变动。

工件在夹具中的定位可以通过布置定位支承点限制工件相应的自由度来达到。任何一个工件（刚体）在空间直角坐标系中都具有六个自由度，如图 3-1 所示，$\vec{X}$、$\vec{Y}$、$\vec{Z}$ 分别表示工件沿三个坐标轴的轴向移动（称移动自由度），$\hat{X}$、$\hat{Y}$、$\hat{Z}$ 分别表示工件绕三个坐标轴的转动（称为转动自由度）。由此可见，要使工件在夹具中占有确定的位置，就要在空间直角坐标系中通过合理的布置限制工件的六个自由度。在 X-Y 平面上布置三个支承钉，把工件放在三个支承

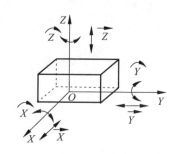

图 3-1　刚体在空间的六个自由度

钉上，就可限制工件的两个转动自由度 $\hat{X}$、$\hat{Y}$ 和一个移动自由度 $\vec{Z}$；在 Y-Z 平面上布置两个支承钉，使工件靠在两个支承钉上，就可以限制一个移动自由度 $\vec{X}$ 和一个转动自由度 $\hat{Z}$；在 X-Z 平面上布置一个支承钉，使工件靠在这个支承钉上，就可以限制工件的一个移动自

由度 $\vec{Y}$。工件与六个支承点接触便可限制其六个自由度。

在自由状态下,工件有六个自由度。当工件受到外界条件约束时,它的某些自由度被限制,所以工件定位的实质就是根据加工要求限制其应该限制的自由度。

1) 完全定位和不完全定位

工件的六个自由度完全被限制的定位称为完全定位。工件定位时,如果该工件根据加工要求只需要限制其部分自由度,虽然工件在空间不占有一个完全确定的位置,但不影响该工序的加工要求的定位称为不完全定位。

2) 欠定位与过定位

工件实际定位所限制的自由度数目少于按该工序加工要求必须限制的自由度数目的称为欠定位。在确定工件定位方案时,欠定位是绝对不允许的。工件的同一自由度被两个或两个以上的支承点重复限制的定位,称为过定位。过定位结构是否允许,应具体情况具体分析。通常情况下,应尽量避免过定位。

3.1.4 实验内容和步骤

1. 长方体工件的定位实验内容和步骤

(1) 长方体工件定位实验的实验装置包括支承钉、长方体工件。

(2) 分别单独实现工件沿 X、Y、Z 轴的移动及绕 X、Y、Z 轴的转动。

(3) 如图 3-2 所示,在定位实验装置所确定的坐标平面中实现以下步骤:

① 在 X-Y 平面中确定支承钉 1、支承钉 2、支承钉 3 的位置,以消除三个自由度。

② 在 X-Z 平面中确定支承钉 4、支承钉 5 的位置,以消除两个自由度。

③ 在 Y-Z 平面中确定支承钉 6 的位置,以消除一个自由度。

至此,长方体工件沿 X、Y、Z 轴的移动自由度和绕 X、Y、Z 轴的转动自由度已被限制,实现了工件的完全定位。

(4) 参照不完全定位、欠定位、过定位的定义,并通过恰当的方法(增加或减少支承钉或其他方法)实现上述定位方法。

(5) 清理实验台、装置、工具。

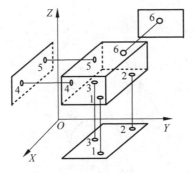

图 3-2 长方体工件的定位方式及限制的自由度

2. 圆盘工件的定位实验内容和步骤

(1) 圆盘工件定位实验的实验装置包括支承钉、圆销、圆盘工件。

(2) 分别单独实现工件沿 X、Y、Z 轴的移动及绕 X、Y、Z 轴的转动。

(3) 如图 3-3 所示,在由定位实验装置所确定的平面中实现以下步骤:
① 在 X-Y 平面中确定支承钉 1、支承钉 2、支承钉 3 的位置,以消除三个自由度。
② 在 X-Z 平面中确定支承钉 4、支承钉 5 的位置,以消除两个自由度。
③ 在 Y-Z 平面中确定支承钉 6 的位置,以消除一个自由度。
至此,圆盘工件沿 X、Y、Z 轴的移动自由度和绕 X、Y、Z 轴的转动自由度已被消除,实现了工件的完全定位。

(4) 参照不完全定位、欠定位、过定位的定义,并通过恰当的方法(增加或减少支承钉或其他方法)来实现上述定位方法。

(5) 清理实验台、装置、工具。

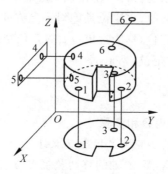

图 3-3　圆盘工件的定位方式及限制的自由度

3. 圆柱工件的定位实验内容和步骤

(1) 圆柱工件定位实验的实验装置包括 V 形块、支承钉、块、圆柱工件。

(2) 分别单独实现圆柱工件沿 X、Y、Z 轴的移动及绕 X、Y、Z 轴的转动。

(3) 将圆柱工件安放到 V 形块中,把支承钉和块组合在工件开槽处,限制工件,实现圆柱工件的完全定位,如图 3-4 所示。

(4) 参照不完全定位、欠定位、过定位的定义并通过恰当的方法(增加或减少支承钉或其他方法)来实现上述定位方法。

(5) 清理实验台、装置、工具。

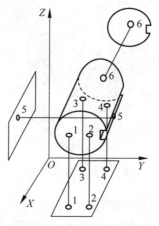

图 3-4　圆柱工件的定位方式及限制的自由度

说明：在实际生产中，工件通常先被定位，后被夹紧；本实验仅是对六点定位原理的演示，工件本身并没有被夹紧，也不代表实际的工装夹具。

3.1.5 实验报告要求

撰写实验总结报告1份，主要包括以下内容：
(1) 明确本次实验的目的。
(2) 简述实验原理。
(3) 写出实验设备、仪器及实验工具。
(4) 写出实验的操作步骤，画出实验中的定位示意简图及各定位元件所限制的自由度名称。

3.1.6 思考题

(1) 一个物体在三维空间中可能有几个自由度？
(2) 什么是完全定位和不完全定位？二者有何区别？
(3) 什么是欠定位和过定位？二者有何区别？

3.2 基本夹紧夹具实验

3.2.1 实验目的

(1) 掌握主要夹紧夹具的原理、使用方法。
(2) 观察它们的结构，认识其组成元件（定位元件、夹紧装置、夹具体等）和功用。
(3) 加深工件定位与夹紧的概念。

3.2.2 实验设备

HJD-JZ2自动化夹具综合实验台。

3.2.3 实验原理

在加工过程中，工件会受到切削力、重力、离心力、惯性力等的作用。为了保证在这些外力作用下，工件仍能在夹具中保持由定位元件确定的加工位置，而不发生振动和位移，要采用适当的装置，即夹紧装置，以使工件定位后在加工过程中保持定位位置不变。

1. 夹紧装置的组成

夹紧装置主要由以下三部分组成。

1) 动力源装置

它是产生夹紧作用力的装置，分为手动夹紧和机动夹紧两种。手动夹紧的力源来自人力，用时比较费时费力。机动夹紧的力源来自气动、液压、气液联动、电磁、真空等动力夹紧装置。为了改善劳动条件和提高生产率，目前在大批量生产中均采用机动夹紧。

2) 传力机构

它是介于动力源和夹紧元件之间传递动力的机构。传力机构不仅能够根据需要改变作用力的方向、大小和作用点,还具有一定的自锁性能,以便在夹紧力消失后还能保证整个夹紧机构处于可靠的夹紧状态,这对于手动夹紧装置特别重要。

3) 夹紧元件

它是直接与工件接触完成夹紧作用的最终执行元件。

2. 常用的夹紧机构

机床夹具所使用的夹紧机构绝大多数是利用斜面将楔块的推力转变为夹紧力来夹紧工件的。其中最基本的形式就是直接利用带有斜面的楔块,而螺钉、偏心轮、凸轮等是楔块的变形。

1) 斜楔夹紧机构

斜楔是夹紧机构中最基本的增力和锁紧元件。斜楔夹紧机构是利用楔块上的斜面移动时所产生的压力来夹紧工件,即利用斜面的楔紧作用夹紧工件的。如图 3-5 所示,夹紧时,外作用力 F_p 作用在楔块的大端,使楔块楔入夹具与工件之间,由于斜面移动而产生的压力将工件夹紧,这个压力就是夹紧力 F_Q。根据静力平衡条件可以得到外作用力 F_p 与夹紧力 F_Q 之间关系式:

$$F_Q = \frac{F_p}{\tan\varphi_1 + \tan(\alpha + \varphi_2)} \tag{3-1}$$

式中,F_Q 为夹紧力,N;F_p 为外作用力,N;φ_1,φ_2 分别为斜楔与工件、夹具体的摩擦角,(°);α 为斜楔升角,(°)。

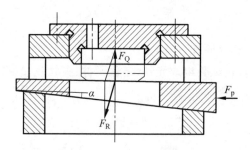

图 3-5 斜楔夹紧机构

斜楔夹紧机构具有如下特点:

(1) 能改变夹紧力作用的方向。

(2) 具有增力作用,约等于 3。

(3) 为保证自锁,通常为了安全可靠,取斜楔升角 $\alpha = 6° \sim 8°$,夹紧效率低。

(4) 结构简单,夹紧行程小。

2) 螺旋夹紧机构

螺旋夹紧机构是由斜楔夹紧机构转化而来的,相当于把楔块绕在圆柱体上,转动螺旋时即可夹紧工件。螺旋夹紧机构由螺钉、螺母、垫圈、压板等元件组成,可采用螺旋直接夹紧或与其他元件组合的方法夹紧工件。它主要有以下两种形式:

(1) 简单螺旋夹紧机构

直接用螺栓或螺母夹紧工件的机构,称为单个螺旋夹紧机构。机构的螺杆如果直接与工件接触,容易使工件受到损害或移动,一般只用于毛坯和粗加工零件的夹紧。如图 3-6 所示,为了克服上述缺点,通常在螺钉头部装有摆动压块,螺杆上部装有手柄,夹紧时不需要扳手,操作方便、迅速。工件夹紧部分不宜使用扳手且夹紧力要求不大的部位,可选用这种机构。简单螺旋夹紧机构的缺点是夹紧动作慢,装卸工件费时。

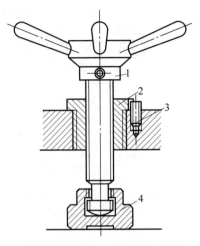

1—螺杆;2—螺母;3—螺钉;4—压块。
图 3-6 单个螺旋夹紧机构

(2) 螺旋压板夹紧机构

在螺旋夹紧机构中,结构形式变化最多的是螺旋压板机构,常用的螺旋压板夹紧机构如图 3-7 所示,其中图 3-7(a)所示是移动压板,图 3-7(b)所示是钩形压板。螺旋钩形压板机构结构紧凑,使用方便。

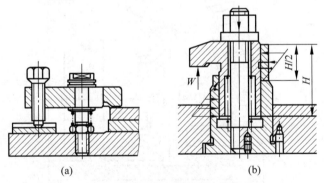

图 3-7 螺旋压板夹紧机构
(a) 移动压板;(b) 钩形压板

螺旋夹紧机构结构简单,容易制造,而且自锁性能好、夹紧可靠,夹紧力和夹紧行程都较大,但夹紧效率低,是手动夹紧中常用的一种夹紧机构。

3) 偏心夹紧机构

偏心夹紧机构是以偏心件作为夹紧元件,直接夹紧或与其他元件组合夹紧工件。它利用转动中心与几何中心偏移的圆盘或轴作为偏心夹紧元件,常用的偏心夹紧元件有圆偏心和轴偏心两种。它的工作原理也是基于斜楔的工作原理,把一个斜楔弯成近似圆盘形,如图 3-8 所示。圆偏心因结构简单、容易制造而得到广泛应用。

偏心夹紧机构结构简单、制造方便,与螺旋夹紧机构相比,还具有夹紧迅速、操作方便等优点;其缺点是夹紧力和夹紧行程均不大,自锁能力差,结构不抗震,所以,偏心夹紧机构一般只适用于切削负荷较小、振动不大的场合。

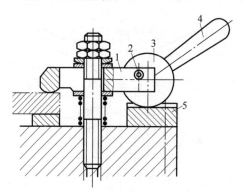

1—压板;2—轴;3—偏心轮;4—手柄;5—垫板。

图 3-8　偏心夹紧机构

4) 铰链夹紧机构

铰链夹紧机构是一种增力夹紧机构。由于其机构简单,增力倍数大,在气压夹具中得到了较广泛的应用,以弥补气缸或气室力量的不足。图 3-9 所示是单臂铰链夹紧机构,臂的两头是铰链的连线,一头带滚子。

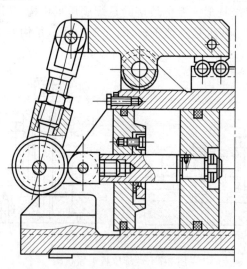

图 3-9　单臂铰链夹紧机构

5) 定心夹紧机构

定心夹紧机构是一种同时实现对工件定心定位和夹紧的机构。定心夹紧机构中与工件定位基面相接触的元件既是定位元件,又是夹紧元件,它的特点主要有以下几点:

(1) 定位和夹紧是同一元件。

(2) 元件之间有精确的联系。

(3) 能同时等距离地移向或退离工件。

(4) 能将工件定位基准的误差对称地分布开来。

常见的定心夹紧机构有利用斜面作用的定心夹紧机构、利用杠杆作用的定心夹紧机构及利用薄壁弹性元件的定心夹紧机构等。

6）联动夹紧机构

联动夹紧机构是一种高效夹紧机构，它可以通过一个操作手柄或一套动力装置对一个工件的多个夹紧点实施夹紧或同时夹紧若干个工件。

采用联动夹紧机构可以缩短工件装夹时间，提高生产率。

3.2.4 实验内容及步骤

1. 偏心夹紧夹具

（1）认识偏心夹紧夹具实验的实验装置。

（2）将手柄转到水平位置，把工件安放到夹具体的夹槽内。

（3）按不同角度转动手柄，在工件上施加相应的夹紧力。

（4）拆卸夹具，并按照图 3-10 进行组装。

（5）清理实验台、装置、工具。

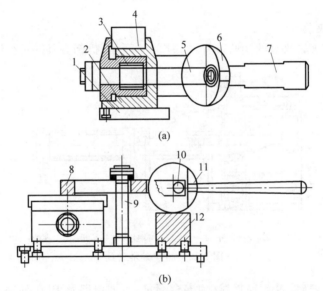

1—底座；2—夹具体；3—套；4—工件；5—拉杆；6—偏心轮；7—手柄；8—压板；9—杆；
10—销；11—偏心轮；12—垫块。

图 3-10 偏心夹紧夹具

(a) Ⅰ号偏心夹紧夹具；(b) Ⅱ号偏心夹紧夹具

2. 螺旋夹紧夹具

（1）认识螺旋夹紧夹具，如图 3-11 所示。（本实验的加工内容是扇形工件的三个 $\phi 8H8$ 的孔）

（2）工件端面与定位销轴 7 的大圆柱面靠紧，工件的右侧面靠紧挡销 12。

（3）用扳手拧动螺母 8 使工件夹紧，通过开口垫圈将工件夹紧在定位销轴 7 上。

（4）三个 $\phi 8H8$ 孔的分度是由固定在定位销轴 7 上的转盘 4 来实现的。当分度定位销 11 分别插入转盘的三个分度定位套 13、13′和 13″中时，工件获得三个位置以保证三孔均匀分布。分度时，拧动手柄 2，可松开转盘 4，拔出分度定位销 11，由转盘 4 带动工件一起转过 20°后，将分度定位销 11 插入另一分度定位套中，然后顺时针拧动手柄 2，将工件和转盘夹紧。

(5) 拆卸夹具,并按照图 3-11 进行组装。

(6) 清理实验台、装置、工具。

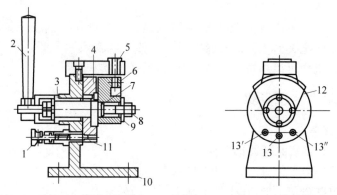

1—手钮;2—手柄;3—衬套;4—转盘;5—钻模套;6—工件;7—定位销轴;8—螺母;
9—开口垫圈;10—夹具体;11—分度定位销;12—挡销;13—定位套。

图 3-11　螺旋夹紧夹具

3. 斜楔夹紧夹具

(1) 认识斜楔夹紧夹具的实验装置,如图 3-12 所示,拆卸夹具并进行组装。

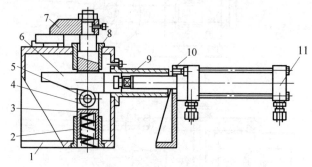

1—夹具体;2,8,9—套;3—导杆;5—销轴;6—楔块;7—压板;10—支承;11—液压缸。

图 3-12　斜楔夹紧夹具

(2) 根据接线表(见表 3-1)接线(为安全起见,主回电路及 PLC 外围的继电器 KA3 输出线路已接好);另外,面板上的端子"24 V 地"与"继电器上"相连接。

表 3-1　斜楔夹紧夹具接线

部件	PLC	面板
端子名称	X0	正向
	X1	反向
	X2	斜楔行程开关(红)
	Y10	继电器上
	COM3	24 V 地
	COM	正向
		反向
		斜楔行程开关(黑)

(3) 征得老师同意后,合上断路器 QF1、QF2、QF3 及 QS。

(4) 使用面板上的电源开关 SA1 给系统供电。

(5) 编写 PLC 程序传送到 PLC,并运行 PLC 程序。(注:本实验 PLC 梯形图的保存路径为"E:\JZ2 夹具实验台\PLC 梯形图\斜楔"。)

(6) 单击面板上的"正向"按钮,油泵电动机启动,延时 3 s 后夹具夹紧,3 s 后夹具松开,再过 3 s 后油泵电动机停止转动。

(7) 分析定位与夹紧原理。

(8) 清理实验设备、工量具及实验台。

4. 铰链夹紧夹具

(1) 认识铰链夹紧夹具的实验装置(见图 3-13),拆卸夹具并进行组装。

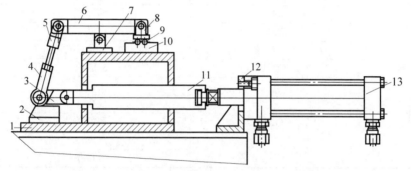

1—夹具体;2—垫块;3,4,5—连杆;6—杠杆;7,12—支承;8—压板;9—工件;10—底座;11—推杆;13—液压缸。

图 3-13 铰链夹紧夹具

(2) 根据接线表(见表 3-2)接线(为安全起见,油泵电动机的主控电路及 PLC 外围的继电器 KA3 输出线路已接好);另外,面板上的端子"24 V 地"与"继电器上"相连接。

表 3-2 铰链夹紧夹具接线

部件	PLC	面板
端子名称	X0	正向
	X1	反向
	X2	铰链行程开关(红)
	Y10	继电器上
	COM3	24 V 地
	COM	正向
		反向
		铰链行程开关(黑)

(3) 征得老师同意后,合上断路器 QF1、QF2、QF3 及 QS。

(4) 用面板上的电源开关 SA1 给系统供电。

(5) 编写 PLC 程序传送到 PLC,运行 PLC 程序。

(注:本实验 PLC 梯形图的保存路径为"E:\JZ2 夹具实验台\PLC 梯形图\铰链"。详细操作步骤参考"5.数控分度头"实验。)

(6) 单击面板上的"正向"按钮,油泵电动机启动,延时 3 s 后夹具夹紧,3 s 后夹具松开,再过 3 s 后油泵电动机停止转动。

(7) 分析定位与夹紧原理。

(8) 清理实验设备、工量具及实验台。

5．数控分度头

(1) 认识数控分度头的结构。

(2) 根据接线表(见表 3-3 和表 3-4)在控制面板上接线。

表 3-3 数控分度头接线 1

部件	PLC	面板
端子名称	X2	正向
	X3	反向
	X4	回原位
	X5	点动
	X7	分度头原位(红)
	COM1	5 V 地
	COM	正向
		反向
		回原位
		点动
		分度头原位(黑)

表 3-4 数控分度头接线 2

部件	PLC	面板	步进(分度头)
端子名称	Y1	—	2
	Y2	—	3
	—	5 V 正	1

(3) 征得老师同意后,合上断路器 QF1、QF2、QF3 及 QS。

(4) 使用面板上的电源开关 SA1 给系统供电。

(5) 写入 PLC 梯形图。

① 打开三菱梯形图编程软件 FXGPWIN-C,选择本实验所用的梯形图,如图 3-14 所示。

(注:本实验的 PLC 梯形图已经编写好,保存路径为"F:\JZ2 夹具实验台\PLC 梯形图\分度头"。)

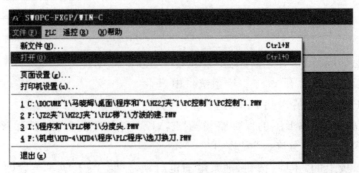

图 3-14 打开梯形图编程软件

② 在菜单中选择 PLC→"端口设置"命令,将端口设置为"COM2",如图 3-15 所示。

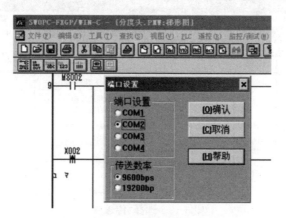

图 3-15　设置端口

③ 选择 PLC→"遥控运行/停止"命令,如图 3-16 所示。

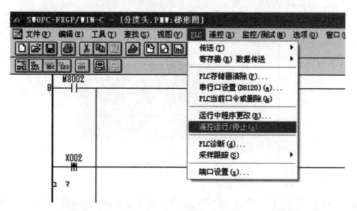

图 3-16　选择"PLC">"遥控运行/停止"命令

④ 选择"中止"选项,单击确定按钮。于是 PLC 面板上的指示灯熄灭,如图 3-17 所示。

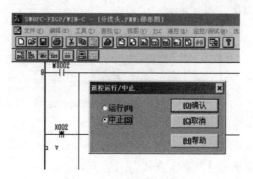

图 3-17　选择"中止"选项

⑤ 选择 PLC→"传送"命令,将程序写出,如图 3-18 所示。
⑥ 选择"范围设置",输入程序的终止步,如图 3-19 所示。(注:起始步默认为 0,输入

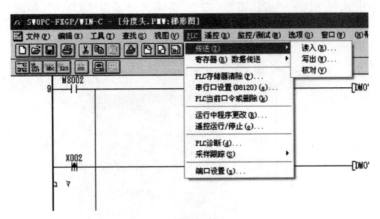

图 3-18 选择"传送"命令

的终止步要大于本实验梯形图的步数。)

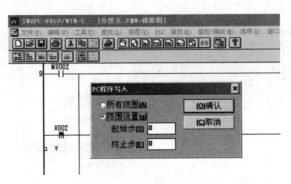

图 3-19 选择"范围设置"选项

⑦ 选择 PLC→"遥控运行/停止"命令,运行 PLC,选择"运行"选项,如图 3-20 所示。

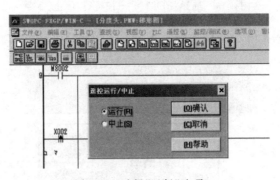

图 3-20 选择"运行"选项

(6) 选择电控柜控制面板上"工作方式"中的"点动"。
(7) 单击电控柜控制面板上的"正向",分度头逆时针转动。
(8) 单击电控柜控制面板上的"反向",分度头顺时针转动。
(9) 单击电控柜控制面板上的"回原位",分度头回原位。

6. 数控回转台

(1) 认识数控回转台的结构。

(2) 参考原理图,根据接线表接线(见表 3-5 和表 3-6)。(为安全起见,步进电动机的主控电路已接好)

表 3-5 数控回转台接线 1

部件	PLC	面板
端子名称	X2	正向
	X3	反向
	X4	回原位
	X5	点动
	X7	回转台原位(红)
	COM1	5 V 地
	COM	正向
		反向
		回原位
		点动
		回转台原位(黑)

表 3-6 数控回转台接线 2

部件	PLC	面板	步进(回转台)
端子名称	Y1	—	2
	Y2	—	3
	—	5 V 正	1

(3) 征得老师同意后,合上断路器 QF1、QF2、QF3 及 QS。

(4) 使用面板上的电源开关 SA1 给系统供电。

(5) 根据原理图编写 PLC 程序传送到 PLC,并运行 PLC 程序。

(注:本实验的 PLC 梯形图已经编写好,保存路径为"E:\JZ2 夹具实验台\PLC 梯形图\回转台"。详细操作步骤参考"5.数控分度头"实验。)

(6) 选择电控柜控制面板"工作方式"中的"点动"。

(7) 单击电控柜控制面板上的"正向",回转台逆时针转动。

(8) 单击电控柜控制面板上的"反向",回转台顺时针转动。

(9) 单击电控柜控制面板上的"回原位",回转台回原位。

3.2.5 实验报告要求

撰写实验总结报告 1 份,主要包括以下内容:

(1) 明确本次实验的目的。

(2) 简述实验原理。

(3) 写出实验设备、仪器及实验工具。

(4) 写出实验的操作步骤,画出实验中夹具夹紧机构的示意图。

3.2.6 思考题

(1) 简述偏心夹紧夹具的夹紧原理。
(2) 分析螺旋夹紧夹具机构的组成,并分别指出定位、夹紧和夹具体三部分。
(3) 分析铰链夹紧夹具机构的组成,并分别指出定位、夹紧和夹具体三部分。
(4) 步进电动机通过蜗轮蜗杆控制分度头旋转时,力矩是增大还是减少?为什么?

3.3 组合夹具实验

3.3.1 实验目的与要求

(1) 了解组合夹具的工作原理、类型及主要特点。
(2) 了解组合夹具的元件分类与基本功能。
(3) 初步掌握组合夹具的使用原则、设计原理及基本组装知识和技术。

3.3.2 实验设备

计算机、SolidWorks 软件。

3.3.3 实验原理

1. 组合夹具基本知识

1) 定义

组合夹具由一套结构和尺寸已经标准化、系列化的通用元件和合件构成,是一套预先制造好的不同形状、不同规格,具有互换性、耐磨性的标准件和合件,可根据工件的加工要求,采用组合的方式,拼装成各种专门用途的夹具。

组合夹具用完后可以拆开,将元件擦洗干净,储藏在夹具元件库里,待以后重新组装夹具时使用。组合夹具的使用过程是:组合夹具元件库→组装夹具→使用→拆卸清洗→组合夹具元件库。组合夹具适合小批量或单件生产及新产品试制,初期投资大,但由于其可重复使用,最终成本不高。

2) 组合夹具的使用范围

组合夹具的使用范围十分广泛。从不同生产类型讲,由于组合夹具灵活多变和便于使用,它最适合品种多、产品变化快、新产品试制和小批量的轮番生产。对成批生产的工厂,也可利用组合夹具代替临时短缺的专用夹具,以满足生产要求。大批生产的工厂也可以在工具车间、机修车间和试制车间使用组合夹具。近年来,随着组合夹具组装技术的提高,不少工厂在成批生产中也使用组合夹具,效果较好。

3) 组合夹具的类型

组合夹具分为槽系组合夹具和孔系组合夹具两类。

(1) 槽系组合夹具

槽系组合夹具是指元件上制作有标准间距(30 mm、60 mm、75 mm)的相互平行及垂直的 T 形槽或键槽,通过键在槽中的定位就能确定元件在夹具中的准确位置,元件之间再通过螺栓连接和紧固,具有很好的可调整性。槽系组合夹具根据 T 形槽宽度可分为小型(6 mm、8 mm)、中型(12 mm)和大型(16 mm)三种。

槽系组合夹具的特点主要有:

① 夹具元件组装灵活性好,可调性好。

② 元件之间靠摩擦紧固,结合强度低,稳定性差。

(2) 孔系组合夹具

孔系组合夹具是指夹具元件之间的相互位置由孔和定位销来决定,而元件之间的连接仍由螺栓和螺母连接紧固。随着数控机床和加工中心的普及、切削用量的普遍提高,以及本身的改进提高,孔系组合夹具的应用越来越广泛。孔系组合夹具按定位孔直径可分为小型($\phi 8$ mm)、中型($\phi 12$ mm)和大型($\phi 16$ mm)三种。

孔系组合夹具的特点主要有:

① 元件刚度高,夹具整体刚度也高,适合数控机床大切削用量的要求,提高了生产效率。

② 制造成本低。孔系夹具元件的精密孔系若用坐标磨削则成本高,但采用黏接淬火定位套和孔距样板保证孔距后,省去了孔系的坐标磨削,比 T 形槽的磨削成本低。材料采用普通优质钢即可,降低了成本。

③ 组装时间短。槽系组合夹具在装配过程中需要较多的测量和调整,而孔系组合夹具只需将孔对准用螺钉紧固即可。组装简单容易,对工人的熟练程度要求也低。

④ 定位可靠。孔系元件之间由一面两销定位,比槽系组合夹具的槽和键配合精度高,可靠性也高。元件上任何一个孔均可方便地作为数控加工时的坐标原点。

⑤ 可调性差。元件位置不便做无级调节,元件品种数量比槽系组合夹具的少。

4) 组合夹具元件

组合夹具元件的分类主要根据元件的结构、形状和用途进行划分。组合夹具元件按其用途不同,可以划分为八大类:

(1) 基础件,主要包括长方形基础板、圆形基础板、方形基础板及基础角铁等。它们常作为组合夹具的夹具体,是组合夹具中尺寸最大的元件,用作组装夹具的基础,通过它们将其他元件连接起来成为一套夹具。

(2) 支承件,主要包括各种垫片、垫板、支承、角铁、V 形角铁、伸长板和菱形板等。它们是组合夹具中的骨架元件,数量最多,应用最广既可以作为各元件间的连接件,又可以作为大型工件的定位件。

(3) 定位件,主要包括平键、T 形键、圆形定位销、菱形定位销、圆形定位盘、定位接头、方形定位支承、六菱定位支承座等。它们主要用于被加工工件的正确安装和定位,也可用于夹具中各元件间的定位,以保证精度和连接强度及整体夹具的可靠性。

(4) 导向件,主要包括固定钻套,快换钻套,钻模板,左、右偏心钻模板,立式钻模板等。它们主要用于确定刀具与夹具的相对位置,并起到引导刀具的作用。

(5) 夹紧件,主要包括弯压板、摇板、U 形压板、叉形压板等。它们主要用于压紧工件,以保证工件定位后的正确位置,使工件在切削力的作用下保持位置不变,也可以用作垫板和挡板。

(6) 紧固件,主要包括各种螺栓、螺钉、垫圈、螺母等。它们主要用于紧固组合夹具中的各种元件及压紧被夹工件。由于紧固件在一定程度上影响整个夹具的刚性,所以螺纹件均采用细牙螺纹,可增加各元件之间的连接强度,同时所选用的材料、制造精度及热处理等要求均高于一般的标准紧固件。

(7) 其他件,主要包括连接板、滚花手柄、各种支承钉和支承帽、支承环、弹簧、二爪支承、三爪支承及平衡块等,这部分元件在组装夹具中起辅助作用。

(8) 合件,主要包括尾座、可调 V 形块、折合板、回转支架等。合件是由若干零件组合而成的,在组装过程中不拆散使用的独立部件,用于分度、导向、支承等。使用合件可以扩大组合夹具的使用范围,加快组装速度,简化组合夹具的结构,减小夹具的体积。

2. 虚拟仿真实验的基本概念

虚拟仿真实验是实验教学与虚拟仿真技术相结合的产物,打破了传统实验的教学模式,能够弥补传统实验的某些缺陷。虚拟仿真技术是利用计算机虚拟仿真系统来模仿现实情景的技术,也叫作虚拟现实技术,是一种综合集成技术。它主要是利用软件模仿某一数据处理系统,使模仿的系统可以像原系统一样,能够接收同样的数据并进行处理,进而获得相同的结果。

与传统实验相比,虚拟仿真实验具有以下特点:

(1) 几乎无实验器材损耗

传统实验有实验器材损耗,包括实验耗材及使用过程中设备、仪器、工具的损坏。而虚拟仿真实验用的虚拟设备、零件等是由计算机生成的,学生在电子屏幕上完成实验操作,不会损坏实验器材。

(2) 不受时间和空间的限制,灵活性强,效果好

虚拟仿真实验打破了传统实验的时间、空间限制;学生的虚拟仿真实验可以在实验室的计算机上进行,也可以通过笔记本电脑或手机在寝室、教室进行,十分方便;学生可以根据自己的时间安排多次操作,实验效果好。

(3) 安全性高

虚拟仿真实验可以避免一些危险性高的实验操作,或避免因操作不规范而造成的仪器设备损坏及人身安全问题。

(4) 造成学生动手能力降低

由于虚拟仿真实验完全代替了动手实验,只需用鼠标就可以完成实验操作,学生没有亲自动手的实践训练,从而使动手能力降低。

虚拟仿真实验根据参与方式及沉浸水平一般分为四种类型:

(1) 增强现实型

该类型实验不仅能让用户更为真实地感受计算机虚拟物体,还可以增强参与者对环境的真实感体验。

(2) 沉浸型

该类型实验是利用数据手套、头盔式显示器将视、听等知觉封闭,提供完全沉浸的体验。

(3) 分布型

该类型实验把各个地区的沉浸虚拟系统通过因特网连接,从而实现某种固定用途。

(4) 桌面型

该类型实验利用个人计算机就能进行仿真操作,实验者可通过计算机窗口输入设备。

前三种类型的虚拟仿真实验系统不但复杂而且成本较高,在实际教学中使用不方便,而桌面型虚拟仿真实验系统仅需要一台个人计算机就能进行操作且成本较合适,非常适合教学领域。

本实验中一组完整的组合夹具标准零件库就需要几十万元到几百万元不等,价格昂贵,而组合夹具仿真实验可以利用 SolidWorks 软件建立三维组合夹具标准零件,并进行装配,所以,本实验属于桌面型虚拟仿真实验。

3.3.4 实验步骤

组装就是将组合夹具元件按照一定的原则,装配成具有一定功能的组合夹具的过程。组合夹具组装的本质和设计制造一套专用夹具完全相同,是一个复杂思维(设计)和动手装配(制造)的过程。但是,组合夹具又有自己的装配特点和装配规律。

组合夹具一般的装配过程如下。

(1) 研究零件技术要求。这是组装夹具的第一步,首先分析清楚零件有哪些表面要加工,各个表面及其相互间有哪些技术要求,然后选定某一个工序,确定相应的加工方法,要求选择具体的加工设备,确定夹具类型。

(2) 确定定位方案。分析该工序加工要求所需要限制的自由度,运用六点定位原理,根据粗基准和精基准选择原则,选择定位基准,确定合理的定位方案以满足零件的加工要求。

(3) 考虑刀具引导方案。

(4) 确定夹紧方案。

(5) 试装。根据上一步拟订的夹具结构方案,按照合理的组装次序装配夹具。一般是先装基础件,再装支承件、定位件、导向件,最后安装工件并夹紧,用以验证是否能够满足各方面的要求。

(6) 完善装配方案。分析试装中的问题,对不合理的结构布局进行修改完善,确定最终所用的夹具元件和结构装配的最终方案。

3.3.5 虚拟仿真装配实例

图 3-21 所示为双臂曲柄的钻孔工序示意图。在这道工序中,加工内容是钻、铰两个 $\phi 10^{+0.03}_{0}$ mm 的孔,工件上的其他孔及其他各平面在本工序前已经加工好。

下面以组装这道工序的组合夹具为例说明装配过程。

1. 确定装配方案

(1) 确定定位面。$\phi 25$ mm 孔中心线是两个 $\phi 10$ mm 孔中心线的设计基准,要求保持的工序尺寸是:a 孔是 (36 ± 0.1) mm,b 孔是 (98 ± 0.1) mm;$\phi 25$ mm 孔中心线与两个 $\phi 10$ mm 孔中心线的平行度要求是 0.15/100。根据基准重合原则,确定工件的定位基面为 $\phi 25$ mm 孔、端面 C 及平面 D,$\phi 25$ mm 孔、端面 C 限制 5 个自由度,平面 D 限制 1 个自由度,工件实现了完全定位。

(2) 选定基础件。根据工件尺寸大小及钻模板的位置选取尺寸为 240 mm×120 mm×60 mm 的长方形基础板;为了方便调整,在基础板的 T 形槽十字相交处装 $\phi 25$ mm 的圆形定位销和与其相配的定位盘;为了使工件装得高一些,且方便在 a、b 孔的附近安装可调复制支承,将定位销和定位盘装在一块 60 mm×60 mm×20 mm 的方形支承块上。

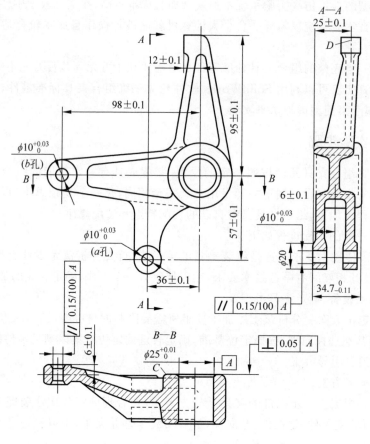

图 3-21 双臂曲柄的钻孔工序示意图

(3) 根据切削力方向垂直向下的实际情况,用贯穿基础板的压紧螺栓夹紧工件。

(4) 将钻、铰 b 孔用的钻模板及长方形垫片与 $\phi 25$ mm 定位销同装在一条纵向 T 形槽内,这样便于调整尺寸 (98 ± 0.1) mm。

(5) A 孔的两个坐标尺寸 (57 ± 0.1) mm 和 (36 ± 0.1) mm,采用在基础板后侧面的 T 形槽中接出方形支承垫高,使钻模板达到所需高度。两个钻套下端与工件端面的距离保持在 $(0.5\sim1)d$ (mm) 内,d 是加工孔的直径。

(6) 在基础板前侧面的 T 形槽中装方形支承和伸长板,使 D 面定位。

2. 装配过程

1) 放置基础板

首先选择长方形基础板(见图 3-22),规格为 240 mm×120 mm×60 mm。

2) 放置长方形垫片

如图 3-23 所示,放置垫片用以装载被加工的零件,选择大小合适的标准件——长方形垫片。

3) 放置被加工的零件

将工件放置在垫片上再对其进行定位,如图 3-24 所示。

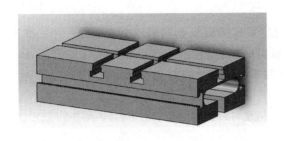
图 3-22 放置基础板

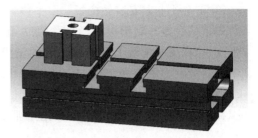
图 3-23 放置长方形垫片

4) 放置可调支承

使用圆柱头可调支承来支承工件,如图 3-25 所示。

图 3-24 放置被加工的零件

图 3-25 放置可调支承

5) 使用伸长板对工件的 D 面进行定位

在长方形基础板的侧面加装支承并在支承上安装伸长板来对工件的 D 面进行定位,如图 3-26 所示。

6) 固定工件

使用 T 形螺栓、大垫圈和螺母将工件和支承件固定在基础板上,调整 $\phi 25^{+0.01}_{0}$ mm 孔的轴心使其与 T 形槽对称,并旋紧可调支承螺母,如图 3-27 所示。

图 3-26 安装伸长板

图 3-27 固定工件

7) 在 b 孔上方安装钻模板

先把钻套镶入钻模板上,然后根据 b 孔的位置在基础板上安装一个支承件——三槽正方形支承,在支承上装上已安装钻套的钻模板,调整钻模板的定位孔中心与 $\phi 25_{\ 0}^{+0.01}$ mm 孔的定位销中心距离为 98 mm±0.1 mm,并用 T 形螺栓和螺母进行固定,如图 3-28 所示。

8) 在合适位置安装侧面正方形支承

在基础板侧面的合适位置用三槽正方形支承搭建可以放置钻模板的平台,如图 3-29 所示。

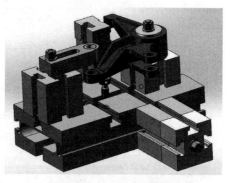

图 3-28　安装钻模板　　　　　　图 3-29　安装侧面支承

9) 在 a 孔上方放置钻模板

移动方形支承,使钻模板的定位孔中心与 $\phi 25_{\ 0}^{+0.01}$ mm 孔定位销中心的纵向坐标尺寸为 36 mm±0.1 mm,将方形支承固定。再移动钻模板,调整好尺寸 57 mm±0.1 mm,并固定。组装完成的组合夹具如图 3-30 所示,图 3-31 所示为组合夹具的爆炸图。

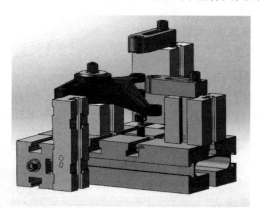

图 3-30　组装完成的组合夹具

3.3.6　实验内容和要求

本实验的加工工序为加工连杆零件的铣连杆体结合面,工序图如图 3-32 所示;对这道工序进行组合夹具的组装实验。该工序的技术要求如下。

(1) 铣连杆体结合面至小头孔中心的距离为 $148.49_{+0.20}^{+0.30}$ mm。

(2) 定位基面包括连杆端面、小头孔 $\phi(38.8\pm0.02)$ mm、工艺凸台。

(3) 机床为立式铣床。

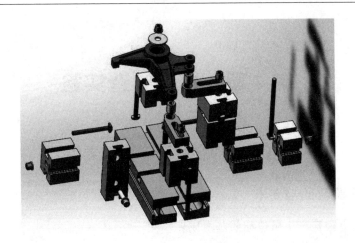

图 3-31　组合夹具的爆炸图

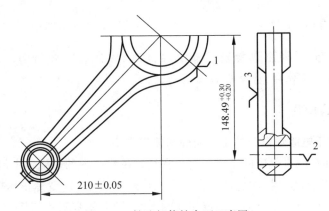

图 3-32　铣连杆体结合面工序图

3.3.7　实验报告要求

撰写实验总结报告 1 份，主要包括以下内容：
（1）明确本次实验的目的。
（2）简述组合夹具仿真实验的基本原理。
（3）写出仿真装配的操作步骤并附上截图。

3.3.8　思考题

（1）组合夹具有哪些优点？又有哪些缺点？说明组合夹具适用的加工范围。
（2）组合夹具分为槽系和孔系两大类，比较二者各有何优、缺点？
（3）通过虚拟仿真实验装配组合夹具有什么优点？

自测题 3

第4章　精密制造实验

4.1　高精度微位移技术实验

4.1.1　实验目的与要求

(1) 了解压电陶瓷产生微位移的基本原理。
(2) 了解微定位工作台实现微位移的方法。
(3) 掌握柔性铰链机构的工作原理。

4.1.2　实验设备

压电陶瓷、HPV 系列压电陶瓷驱动电源、PPC 系列数字式精密定位控制器、MPT-1JRL003A 型微定位工作台、计算机等。

4.1.3　实验原理

1. HPV 系列压电驱动电源的工作原理和使用方法

压电陶瓷是具有压电效应的陶瓷材料。在经过极化处理的陶瓷体上沿其极化方向施加一个机械力(或放出压力)时,陶瓷体就会产生充(放)电现象,这就是正压电效应。反之,若在陶瓷体上施加一个与极化方向相同或相反的电场,则会使陶瓷片伸长或缩短,称为逆压电效应。

压电陶瓷和电致伸缩陶瓷都是电介质,而电介质在电场的作用下会产生两种效应:逆压电效应和电致伸缩效应。逆压电效应是指电介质在外电场的作用下产生应变,应变大小与电场大小成正比,且应变的方向与电场方向有关。而电致伸缩效应是指电介质在电场的作用下由于感应极化作用引起的应变,且应变与电场方向无关、应变的大小与电场的二次方成正比。上述两种效应可用式(4-1)表达:

$$s = dE + ME^2 \tag{4-1}$$

式中,s 为应变;d 为压电系数,m/V;E 为施加在压电晶体上的电场强度,V/m;M 为电致伸缩系数,m^2/V^2。

式(4-1)中的第一项为逆压电效应,第二项为电致伸缩效应。

压电陶瓷的逆压电效应和电致伸缩效应本质上就是电介质在电场的作用下产生极化,在宏观上表现为机电耦合效应。

实际应用中,压电陶瓷驱动器有梁式和层叠式两种结构。梁式结构的压电陶瓷驱动器位移大,但是负载能力小,应用范围受到了限制。层叠式结构的压电陶瓷驱动器能够获得较大的变形量和良好的输出特性,它将许多陶瓷片叠起来使用,机械上串联,电路上并联。对于外加控制电压来说,每片陶瓷相当于一只平行板电容器,因此,压电陶瓷驱动器就相当于一个容性元件,可简化为图 4-1 所示的模型。

HPV 系列压电陶瓷驱动电源 HPV 是一种为压电陶瓷制动器设计开发的高品质驱动电源,如图 4-2 所示。它能够为压电陶瓷提供高稳定性、高分辨率的电压,并且有着优良的频率响应和极低的静态纹波,其主要工作原理如图 4-3 所示。

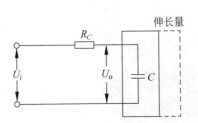

图 4-1 压电陶瓷驱动器的电学模型

图 4-2 HPV 系列压电陶瓷驱动电源

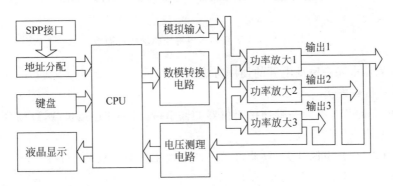

图 4-3 压电陶瓷驱动电源工作原理

它的操作面板及各功能键如图 4-4 所示。对应的名称如下:
(1) 电压输出口。
(2) 液晶显示器。
(3) 电源模拟信号输入口。
(4) 电压粗调旋钮。
(5) 电压细调旋钮。
(6) 按键控制区。
(7) 过流显示灯。
(8) 电源开关。
(9) 电源线接口。
(10) SPP 并行通信口一(接计算机打印口)。
(11) SPP 并行通信口二(级联接口)。
(12) 散热风扇。

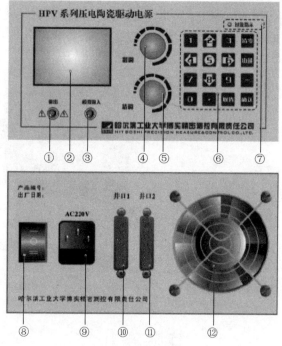

图 4-4 HPV 系列压电陶瓷驱动电源面板

HPV 系列压电陶瓷驱动电源的使用方法：
1）开机及负载连接

将随机配套的两芯电缆一端连接于仪器的输出口,另一端连接负载,红线为输出电压的正极,黑线为输出电压的负极。

连接电源线,打开电源开关,仪器自动选择上次工作时所使用的控制方式,输出电压为 0 V。

2）功能设置

按"功能"键,液晶显示功能菜单,共分为四项："方式""地址""旋钮设定""手动范围",按上下键可选择相应的项进行设置,如图 4-5 所示。

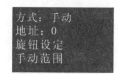

图 4-5 功能设置

（1）选择控制方式（方式）

选择"方式"项后按左右键选择控制方式,共有"手动""模拟""并口""波形"四种控制方式,选定后按"功能"键进入所选的控制方式。

（2）设置本机地址（地址）

选择"地址"项后按"确认"键,输入地址后按"确认"键,输入范围为 0～255。

注意：此设置在使用并行及波形控制方式时使用,设置的本机地址应与上位机软件中的地址对应。

（3）旋钮设定

选择"旋钮设定"项后按"确认"键,在弹出窗口中设置旋钮粗调及细调步长,如图 4-6 所示；粗调最大步长为 50 V,细调最小步长为 0.001 V,如设置的粗调步长小于细调步长,则液晶屏显示错误提示。设置完成后按"取消"键返回功能菜单。

设置方法：按上下键选择相应的项后按"确认"键，输入数据后再按"确认"键。

注意：步长即为旋钮每旋转一步增加或减少的电压值。

(4) 手动范围

图 4-6　旋钮设定

选择"手动范围"项后按"确认"键，在弹出窗口中设置输出电压上限及下限，如图 4-7 所示；设置的上限值大于仪器的最大输出电压或下限值小于仪器的最小输出电压及上限值小于下限值时，液晶屏显示错误提示。设置完成后按"取消"键返回功能菜单。

设置方法：按上下键选择相应的项后按"确认"键，输入数据后再按"确认"键。

图 4-7　手动范围

注意：设置的上下限范围，为手动输入的极限范围，如输入数据超出范围，则液晶屏显示错误提示。

3) 控制方式

(1) 手动控制方式

在功能菜单中将控制方式选择为"手动"后按"功能"键进入手动控制方式。

按数字键输入数据（电压，单位为 V）后按"确认"键，则仪器输出电压，液晶屏上"测量"项显示监控电压，如图 4-8 所示；如输入数据超出设置的上下限范围，则液晶屏显示错误提示，如需重新输入数据，按"取消"键后可重新输入。

旋转调节旋钮进行输出电压的粗调及细调，可与键盘同时使用，旋钮调节数值显示在液晶屏上"调节"项内。粗调和细调的步长在功能菜单中设置。

如需更改输出电压，可直接键入所要求的电压值，然后按"确认"键即可。

如要将输出电压清零，可按"清零"键，清零后输出电压为 0 V。

(2) 模拟控制方式

在功能菜单中将控制方式选择为"模拟"后按"功能"键进入模拟控制方式。

将随机配套的两芯电缆一端接在电源输入口，另一端接模拟信号（模拟信号的电压要求：单极性电压的范围为 0~10 V，双极性电压的范围为 −10~+10 V），通过电源对模拟信号进行放大，经放大后的模拟信号从电源输出口输出。液晶屏上的"测量"项显示监控电压，如图 4-9 所示。

图 4-8　手动控制方式

图 4-9　模拟控制方式

(3) 并口控制方式

将随机配套通信电缆的一端连接在计算机的打印口上，另一端头连接在仪器的"并行接口一"上。

在设置菜单中将控制方式选择为"并口"后按"功能"键进入并口控制方式。液晶屏上的

"测量"项显示监控电压,如图 4-10 所示。

注意:控制软件中的电源地址应与仪器设置的本机地址相同(系统默认的地址为 0)。

(4)波形控制方式

仪器具有波形存储功能,能存储上位机发送的两种波形,在设置菜单中将控制方式选择为"波形"后进入波形控制方式。

图 4-10 并口控制方式

将随机配套通信电缆的一端连接在计算机的打印口上,另一端头连接在仪器的"并行接口一"上。

波形选择:选择"选择"后,先按"确认"键,再按左右键选择波形一或波形二,如图 4-11 所示。

波形存储:选择"波形设置"后按"确认"键,右侧显示 run,如图 4-12(a)所示,连接上位机,运行上位机软件,发送数据完成后,run 变为 ok,如图 4-12(b)所示。

波形输出:选择"波形输出"后按"确认"键,右侧显示 run,如图 4-13 所示;仪器按存储的时间间隔将存储的数据连续输出,如需停止输出,则按"取消"键。

图 4-11 波形选择　　　　图 4-12 波形存储　　　

图 4-13 波形输出

注意:在各种控制方式下,液晶屏上的"测量"项显示的监控电压只是实际输出电压值的参考值,与实际电压输出有一些误差,只是便于使用者直接观察电压输出情况。

2. PPC 系列数字式精密定位控制的工作原理和使用方法

1)工作原理

PPC 系列数字式精密定位控制用于对压电陶瓷进行精密控制,精密定位控制器的主要部分由主控模块、驱动模块、传感模块组成。它的操作面板及各功能键如图 4-14 所示,对应的名称如下:

(1)第一路模拟电压输出口 Q9 接口。

(2)第一路电压输出口 LEMO 接口。

(3)第二路模拟电压输出口 Q9 接口。

(4)第二路电压输出口 LEMO 接口。

(5)第一路满度调节旋钮。

(6)第一路调零旋钮。

(7)第二路满度调节旋钮。

(8)第二路调零旋钮。

(9)第一路传感器模拟信号输出口。

(10)第一路传感器信号输入接口。

(11)第二路传感器信号输入接口。

(12)第二路传感器模拟信号输出口。

（13）液晶显示器。
（14）EPP 并行通信口。
（15）级联通信口。
（16）按键控制区。
（17）散热风扇。
（18）电源线接口。
（19）控制器开关。

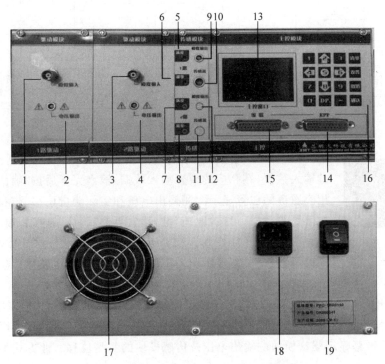

图 4-14　PPC 系列数字式精密定位的控制面板

PPC 系列数字式精密定位控制通过驱动模块输出电压驱动压电陶瓷，再由传感模块对传感器采集信号并进行检测处理，处理结果通过控制总线提供给主控模块进行计算、分析，然后对驱动模块进行相应的控制。其工作原理如图 4-15 所示。

2）使用方法

开机后系统进入工作界面或设置完毕后按"取消"键进入工作界面，进入工作界面后，按 ↑ 或 ↓ 键选择相关选项，被选中的项目名称会被反色显示。

根据控制模式的不同，分为两种操作：开环控制、闭环控制。

（1）开环控制

通过直接输入电压数据，使驱动模块输出相应的电压。屏幕显示驱动模块的实际输出电压及传感模块检测到的实际位移。开环控制分为以下三类：

① 手动开环控制。手动开环控制用于控制器开环控制模式，通过键盘输入数据（驱动模块输出电压），屏幕显示驱动模块的实际输出电压及传感模块检测到的实际位移，如图 4-16 所示。

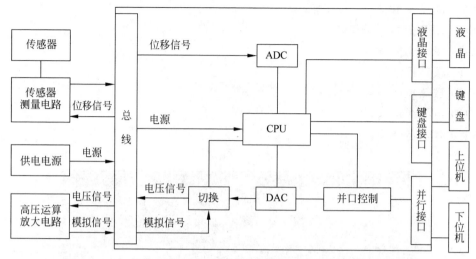

图 4-15 PPC 系列数字式精密定位控制的工作原理

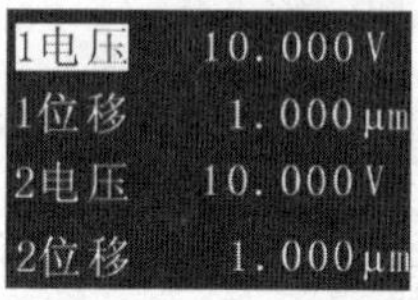

按↑或↓键选择控制通道后按"确认"键,原有数据消失,用数字键输入数据,在相应的位置输入数据,输入完毕后按"确认"键,屏幕上相应通道的位置显示实测输出电压和实际测量位移。在输入过程中,如需更改数据,可按"取消"键,然后再按"确认"键重新输入。

图 4-16 手动开环控制

② EPP 开环控制。EPP 开环控制用于上位机开环模式,由上位机输入数据,屏幕显示驱动模块的实际输出电压及传感模块的实测位移。此方式不能由键盘输入数据。

③ 模拟开环控制。模拟开环控制用于模拟控制模式,由驱动模块的"模拟输入"口输入电压模拟信号,由传感模块的"模拟输出"口输出反映实际位移的模拟信号,用户接外部设备进行处理。屏幕显示驱动模块的输出电压及传感模块的实测位移。此方式不能由键盘输入数据。

(2) 闭环控制

闭环控制通过直接输入位移数据,使驱动模块输出相应的电压。屏幕显示期望位移及传感模块检测到的实际位移。闭环控制分为以下二类:

① 手动闭环控制。手动闭环控制用于控制器闭环控制模式,由键盘输入期望位移数据,屏幕显示实际测量位移,按↑或↓键选择控制通道后按"确认"键,则原有数据消失,在相应的位置输入数据(期望位移),然后按"确认"键,输入完毕。此时屏幕相应通道的位置应显示实际测量位移,如图 4-17 所示。在输入过程中,如需更改数据,可先按"取消"键后,再按"确认"键重新输入。

图 4-17 手动闭环控制

② EPP 闭环控制。EPP 闭环控制用于上位机闭环控制模式,由上位机输入数据,屏幕显示期望位移及传感模块的实测位移。此方式不能由键盘输入数据。

3. 柔性铰链的变形原理

柔性铰链属可逆弹性支撑结构,它的中部较为薄弱,在力矩作用下可以产生较明显的弹性角变形,能在机械结构中起到铰链的作用。它与一般铰链的区别是没有机械结构上的间隙,并且有弹性回复力,因而消除了运动中的摩擦和回退空程。

柔性铰链主要有三种,即直梁形柔性铰链、圆弧形柔性铰链和椭圆形柔性铰链,如图 4-18 所示。

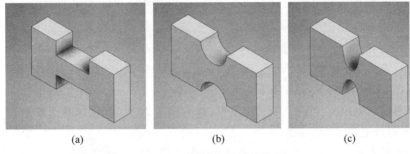

图 4-18 不同形状的柔性铰链
(a) 直梁形;(b) 圆弧形;(c) 椭圆形

直梁形柔性铰链有较大的转动范围,但其运动精度较差,转动中心在转动过程中有明显的偏转;圆弧形柔性铰链的运动精度较高,但运动行程受到很大的限制,只能实现微小幅度的转动;椭圆形柔性铰链兼顾了运动精度和运动范围,但加工不方便。以上柔性铰链只对一个转动轴敏感,是单轴柔性铰链。由于圆弧形柔性铰链具有结构紧凑、运动精度高的特点,且可以用线切割的方法取代钻孔来加工,因此,其设计和制造更加简便和准确,所以最常用的是圆弧形柔性铰链。

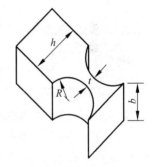

图 4-19 柔性铰链的基本结构

圆弧形柔性铰链的基本结构如图 4-19 所示,其中 R 为柔性铰链的切割半径,t 为柔性铰链的最小厚度,b 为柔性铰链的宽度,h 为柔性铰链的高度。

柔性铰链绕 z 轴的转动刚度 k_α 是最重要的性能参数,计算公式为

$$k_\alpha = \frac{2}{3} \times \frac{EbR^2(2e+e^2)}{\dfrac{1+e}{f^2}+\dfrac{3+2e+e^2}{f(2e+e^2)}+\dfrac{6(1+e)}{(2e+e^2)^{3/2}}\arctan\left[\sqrt{\dfrac{2+e}{e}}\times(f-e)\right]} \tag{4-2}$$

其中,$e=t/2R$;$f=1+e$;b 为柔性铰链的宽度,m;E 为材料的弹性模量,Pa。

当 $t \leqslant 2R$,即 $e \leqslant 1$ 时,$e \leqslant f$,则式(4-2)可简化为

$$k_\alpha = \frac{2Ebt^{5/2}}{9\pi r^{1/2}} \tag{4-3}$$

$$k_\alpha = \frac{EbR^2}{12}\left[\frac{2s^3(6s^2+4s+1)}{(2s+1)(4s+1)^2}+\frac{12s^4(2s+1)}{(4s+1)^{5/2}}\arctan\sqrt{4s+1}\right]^{-1} \tag{4-4}$$

其中,$s=\dfrac{R}{t}$。

柔性铰链的转角 α 的计算式为

$$\alpha = \frac{M}{k_\alpha} \tag{4-5}$$

4.1.4 实验内容和步骤

1. 压电陶瓷驱动器的电压-位移性能测试

输入指令控制压电陶瓷微位移器的驱动器,输出直流电压加在压电陶瓷微位移器上,压电陶瓷微位移器在电场的作用下产生形变,由电感测微仪测出位移,并显示位移值,可作出压电陶瓷驱动器的电压-位移静态特性曲线。具体过程如下:

(1) 分别输入电压 0 V、20 V、…、140 V,每次递增 20 V,分别读取工作台位移,然后从 140 V 开始,每次递减 20 V,直至 0 V。

(2) 分别输入电压 0 V、20 V、…、100 V,每次递增 20 V,分别读取工作台位移,然后从 100 V 开始,每次递减 20 V,直至 0 V。

(3) 分别输入电压 0 V、20 V、…、60 V,每次递增 20 V,分别读取工作台位移,然后从 60 V 开始,每次递减 20 V,直至 0 V。

将实验数据填入表 4-1,并进行处理,最后绘制出压电陶瓷驱动器的位移与电压的关系曲线,并拟合出数学表达式。

表 4-1 压电陶瓷输入和输出特性测试数据

电压/V	0	20	40	60	80	100	120	140
加压位移/μm								
降压位移/μm								

2. 微定位工作台的性能测试

启动 PPC 系列集成精密定位控制系统:在 Windows 中依次选择"开始"→"程序"→"PPC 系列集成精密定位控制系统"→"PPC.exe",启动程序。

连接好电源、传感器和通信电缆,并正确添加驱动通道参数后,就可以由精密定位控制器发送电压,或直接输出目标位移值以控制纳米工作台位移了。

控制工作台位移有两种方式:一种是由精密定位控制器输出激励电压(开环控制);另一种是由精密定位控制器直接输出位移值(闭环控制)。

1) 工作台开环控制

在 PPC 系列集成精密定位控制系统中选择"指令设置"→"设定状态"菜单命令,弹出"设定系统控制运行状态"对话框,如图 4-20 所示;在控制对象中的选择一个驱动通道,在控制方式中选择"上位机开环"控制方式,单击"确定"按钮,然后单击"关闭"按钮。在 PPC 系列集成精密定位控制系统中选择"指令设置"→"单点控制"菜单命令,弹出"单点控制"对话框,输入要输出的电压后单击"发送"按钮即可。在此对话框内,单击"读位移"按钮后,程序便循环读取工作台位移后显示出来。

2) 工作台闭环控制

在 PPC 系列集成精密定位控制系统中选择"指令设置"→"设定状态"菜单命令,会弹出"设定系统控制运行状态"对话框(见图 4-20);在控制对象中选择一个驱动通道,在控制方式中选择"控制器闭环"控制方式,单击"确定"按钮,然后单击"关闭"按钮。在 PPC 系列集成精密定位控制系统中选择"指令设置"→"单点控制"菜单命令,弹出"单点控制"对话框(见图 4-21),输入要输出的目标位移后单击"发送"按钮即可。单击"读位移"按钮后,位移窗口显示出实际位移量。

图 4-20 工作台开环控制　　　　图 4-21 工作台闭环控制

3）工作台开环控制运行

在 PPC 系列集成精密定位控制系统中选择"指令设置"→"设定状态"菜单命令，会弹出"设定系统控制运行状态"对话框；在控制对象中选择一个驱动通道，在控制方式中选择"上位机开环"控制方式，单击"确定"按钮，然后单击"关闭"按钮。在 PPC 系列集成精密定位控制系统中选择"指令设置"→"控制运行"菜单命令，弹出"系统控制运行"对话框（见图 4-22），输入控制电压及伺服时间后，单击"确定"按钮便开始运行。运行完成后，单击"结果"按钮可以看到绘制出的曲线。

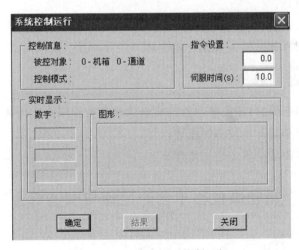

图 4-22 工作台开环控制运行

4）工作台闭环控制运行

在 PPC 系列集成精密定位控制系统中选择"指令设置"→"设定状态"菜单命令，会弹出"设定系统控制运行状态"对话框，在控制对象中选择一个驱动通道，在控制方式中选择"控制器闭环"控制方式，单击"确定"按钮，然后单击"关闭"按钮。在 PPC 系列集成精密定位控制系统中选择"指令设置"→"控制运行"菜单命令，弹出"系统控制运行"对话框，输入控制位移及伺服时间后,单击"确定"按钮,开始运行。运行完成后,单击"结果"按钮可以看到绘制出的曲线。

根据第一种工作台开环控制方式进行实验,具体过程如下:

(1) 分别输入电压 0 V、20 V、…、140 V,每次递增 20 V,分别读取工作台位移,然后从 140 V 开始,每次递减 20 V,直至 0 V。

(2) 分别输入电压 0 V、20 V、…、100 V,每次递增 20 V,分别读取工作台位移,然后从 100 V 开始,每次递减 20 V,直至 0 V。

(3) 分别输入电压 0 V、20 V、…、60 V,每次递增 20 V,分别读取工作台位移,然后从 60 V 开始,每次递减 20 V,直至 0 V。

将实验数据填入表 4-2,并进行处理,分别绘制出工作台位移与电压的关系曲线,并给出数学表达式。

表 4-2　工作台输入和输出特性测试数据

电压/V	0	20	40	60	80	100	120	140
加压位移/μm								
降压位移/μm								

4.1.5　实验报告要求

(1) 明确本次实验的目的。
(2) 简述实验原理。
(3) 写出实验设备、仪器及实验材料。
(4) 写出实验的操作步骤及数据处理结果。

4.1.6　思考题

(1) 电压上升和下降时,压电驱动器的输出位移是否相同?为什么?
(2) 简述压电驱动器产生位移的原理。
(3) 压电驱动器驱动电源的作用是什么?

4.2　精密微位移平台的设计与制造综合实验

4.2.1　实验目标

通过项目实施达到以下目标:设计和制造出具有柔性铰链机构的微位移定位平台,行程为 100 μm,定位精度为 0.01 μm。

4.2.2　实验设备

HPV 系列压电陶瓷驱动电源、DCS-6B 型数显电感测微仪、DGC-8ZG 型电感测量头、压电陶瓷、M332S 型数控中走丝线切割机床、精密隔振台。

4.2.3 实验原理

1. 压电陶瓷的基本特性

压电陶瓷驱动器广泛应用于微电子、精密机械、精密加工、精密光学、生物医学、机器人、航空航天等领域,因为它具有位移精度与位移分辨率高、机电耦合效率高、响应快、功耗小、无噪声、结构紧凑、易于控制等优点,是理想的微位移驱动器。但它固有的迟滞、蠕变、非线性等缺陷对其输出精度有较大的影响,是影响压电式微位移台系统精度的主要因素。压电陶瓷的基本特性主要有以下几个方面:

1) 迟滞特性

压电陶瓷都有迟滞特性,当驱动电压相同时,在电压上升阶段和下降阶段,压电陶瓷驱动器的输出位移是不同的,如图 4-23 所示。迟滞非线性是压电陶瓷的固有特性,其主要特点是:系统下一时刻的输出不仅取决于当前时刻的输入,还取决于输入的历史。压电陶瓷的迟滞环是不对称的,即上升轨迹和下降轨迹之间没有对称轴。

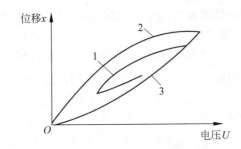

1—降压曲线;2—主迟滞环降压曲线;3—主迟滞环升压曲线。

图 4-23 压电陶瓷的迟滞曲线

2) 蠕变特性

蠕变是指在一定的电压下,位移达到一定的数值后,不是固定保持在这一数值上,而是随着时间的推移仍有缓慢变化,在较长时间内达到稳定值的一种现象。电压越高,蠕变现象越严重,这是与电介质内部的晶格间因内摩擦力而存在一定的形变滞后有关。图 4-24 所示是某压电陶瓷电压位 90 V 时的蠕变曲线,可以看出,曲线 3 min 内完成形变的 96.3%,5 min 内完成形变的 99.6%,5 min 之后形变趋缓。

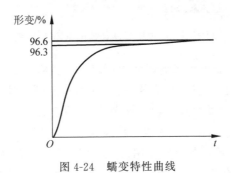

图 4-24 蠕变特性曲线

3) 非线性

在理想条件下,压电陶瓷驱动器的应变与外加电压之间呈线性关系,实际上由于迟滞、蠕变特性和陶瓷加工制造工艺的不同,将造成输入-输出关系的非线性(见图 4-25),典型的压电陶瓷驱动器的非线性误差一般为 2%~10%。压电陶瓷驱动器的非线性可用式(4-6)表达：

$$E_n = \frac{\Delta x_{max}}{x_{max}} \quad (4-6)$$

式中,x_{max} 为最大位移量,μm；Δx_{max} 为最大偏差,μm；E_n 为非线性值。

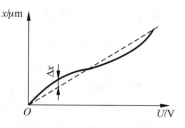

图 4-25　压电陶瓷的非线性

4) 刚度特性

刚度是指压电陶瓷本身抵抗外力产生形变的能力。载荷较小时,压缩量随着外力的增大而增加较快,载荷较大时,压缩量随着外力的增大而增加较缓,且呈线性关系。因此,在实际使用时,必须为压电陶瓷加上一定量的预载荷。

5) 温度特性

温度特性是指压电陶瓷随着温度的变化而伸长的特性。由于层叠式压电陶瓷是由多片压电陶瓷片黏接而成,因而其线膨胀系数既受压电陶瓷片的影响,又受陶瓷片之间连接材料的影响。在高精度定位及某些特殊应用场合,压电陶瓷的温度特性也是不容忽视的。

压电陶瓷驱动器在使用时,往往会受到负载的作用,主要来源有两个：

(1) 装配时,为了保证压电陶瓷驱动器两端和柔性机构的安装端面互相接触,需要给压电陶瓷驱动器施加一个预紧力。

(2) 压电陶瓷驱动器在通电激发后产生变形而伸长时,还会受到机构的作用力。

因此,在负载状态下压电陶瓷驱动器的位移小于在空载状态下的位移,如图 4-26 所示。

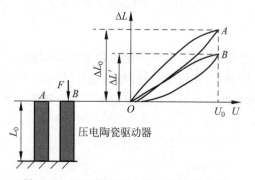

图 4-26　压电陶瓷驱动器电压-位移关系

图 4-27 所示的压电陶瓷驱动器测试装置可以测量负载状态下的电压-位移关系。该测试装置由底板、柔性桥式放大机构、压力传感器、压力传感器底座、压电驱动器、位移传感器底座、位移传感器、压电驱动器底座、滚珠、调节螺钉、调节块等组成。压电驱动器 7 加电压后伸长,它的两段分别作用在压力传感器 3 和滚珠 13、调节块 15、调节螺钉 14 上,并传递到柔性桥式放大机构的两个侧面上产生作用力,这个作用力由压力传感器 3 测出；在另一个方向上产生的位移由位移传感器 11 测出。根据桥式放大机构的放大率,可以计算得到压电驱动器 7 的伸长量。

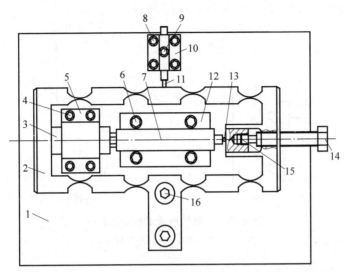

1—底板；2—柔性桥式放大机构；3—压力传感器；4,6,8,9—内六角螺钉；5—压力传感器底座；
7—压电驱动器；10—位移传感器底座；11—位移传感器；12—压电驱动器底座；13—滚珠；
14—调节螺钉；15—调节块；16—内六角圆柱头螺钉。

图 4-27 压电驱动器测试装置原理示意图

2. 压电驱动器微位移放大的原理

压电驱动器的输出位移很小，在需要更大位移的应用场合，经常借助柔性铰链机构来放大它的输出位移。用于放大压电驱动器微位移的柔性铰链放大机构主要有：杠杆式柔性铰链机构、Scott-Russell 机构和桥式柔性铰链机构。此外，还有 Moonie-type 机构、Rainbow-type 机构和菱形机构等。

1) 杠杆式柔性铰链机构

图 4-28(a)所示是杠杆式放大机构的结构示意图，图 4-28(b)所示是它的几何计算模型。该机构是一级放大，在点 A 压电驱动器的输出位移是 Δx，在点 B 机构的输出位移是 $\Delta x'$，图中 l_1、l_2 分别为杠杆机构的输入端、输出端到支点的长度，则杠杆放大机构的理论放大倍数可以通过计算得到

$$\lambda = \frac{\Delta x'}{\Delta x} = \frac{l_2}{l_1} \tag{4-7}$$

如果采用一级放大机构，输出位移还没有达到需要的数值，还可以采用二级放大机构。

2) Scott-Russell 机构

图 4-29(a)所示是 Scott-Russell 放大机构的结构示意图，图 4-29(b)所示是它的几何计算模型。同理，在点 A 压电驱动器的输出位移是 Δx，沿 x 轴移动；在点 B 机构的输出位移是 Δy，沿 y 轴移动。图中 $\overline{AC}=\overline{CB}=\overline{OC}=l$，$\angle OAB=\theta$，则 Scott-Russell 机构的理论放大倍数是

$$\lambda = \frac{\Delta y}{\Delta x} \simeq \cot\theta \tag{4-8}$$

3) 桥式柔性铰链机构

图 4-30(a)所示是桥式放大机构的结构示意图，图 4-30(b)所示是它的几何计算模型。

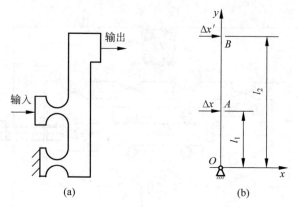

图 4-28 一级杠杆式柔性铰链机构
(a)结构示意图;(b)几何计算模型

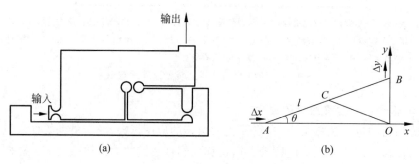

图 4-29 Scott-Russell 机构
(a)结构示意图;(b)几何计算模型

图中 $\overline{AB}=\overline{BO}$,$\angle BAO=\theta$,在点 A 压电驱动器的输出位移是 Δx,沿 x 轴移动,在点 B 机构的输出位移是 Δy,沿 y 轴移动,则桥式放大机构的理论放大倍数是

$$\lambda = \frac{\Delta y}{\Delta x} = \frac{1}{2}\cot\theta \tag{4-9}$$

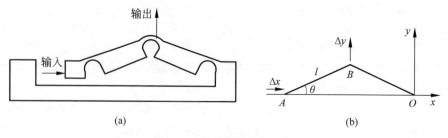

图 4-30 桥式柔性铰链机构
(a)结构示意图;(b)几何计算模型

3. 电火花线切割加工的原理

电火花加工又称电腐蚀加工,包括使用模具电极的型腔加工和使用电极丝的线切割加工。电火花加工时,作为加工工具的电极和被加工工件同时放入绝缘液体(一般使用煤油)中,在两者之间加上 100 V 左右的直流电压。因为电极和工件的表面不是完全平滑的,而

是存在着无数个凹凸不平,所以当两者逐渐接近,间隙变小时,在电极和工件表面的某些点上,电场强度急剧增大,可引起绝缘液体的局部电离,于是通过这些间隙产生火花放电。放电时的火花温度高达 5000 ℃,在火花发生的微小区域(称为放电点)内,工件材料被熔化和气化。同时,该处的绝缘液体也被局部加热,急速气化,使体积发生膨胀,随之产生很高的压力。在这种高压力的作用下,已经熔化、气化的材料就从工件的表面被迅速地除去。

图 4-31 所示是电火花线切割加工原理图。作为细金属丝(通常直径为 $\phi0.05\sim0.25$ mm)的电极一边卷绕一边与工件之间发生放电,由这种放电能量来加工零件,并且根据零件和线电极的相对运动可以加工各种形状的二维曲线轮廓。相对运动由数控工作台在 X、Y 两个方向的运动合成实现。

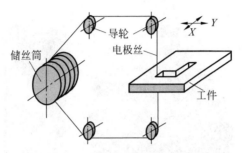

图 4-31 电火花线切割加工原理

电火花线切割加工机按电极丝的移动方式不同,主要分为两类,分别是高速往复走丝电火花线切割加工机(简称高速走丝机)和低速单向走丝电火花线切割加工机(简称低速走丝机)。

高速走丝机的走丝原理如图 4-32 所示。电极丝从周期性往复运转的储丝筒输出,经过上线臂、上导轮,穿过上喷嘴,再经过下喷嘴、下导轮、下线臂,最后回到储丝筒,即完成一次走丝。带动储丝筒的电动机周期反向运转时,电极丝就会反向送丝,实现电极丝的运转。高速走丝机的速度一般为 8~10 m/s,电极丝为 $\phi0.08\sim2$ mm 的钼丝或钨银丝,工作液为乳化液、复合工作液或水基工作液等。这类机床目前所能达到的加工精度一般为 ±0.01 mm,表面粗糙度为 $Ra2.5\sim5.0$ μm,可满足一般模具的加工要求,但对于要求更高的精密加工就比较困难。

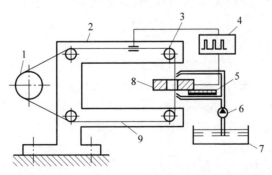

1—储丝筒;2—线架;3—导轮;4—脉冲电源;5—绝缘底板;6—水泵;7—工作液槽;8—工件;9—电极丝。

图 4-32 高速往复走丝机的走丝原理

行业内所说的"中走丝"实际上是对具有多次切割功能的高速走丝的俗称,其通过多次切割可以提高表面质量及切割精度。目前能达到的指标一般为经过二次切割后表面粗糙度 $Ra<1.2\ \mu m$,切割精度可达±0.008 mm,最佳表面粗糙度 $Ra<0.6\ \mu m$,最佳切割精度可达±0.005 mm。

4. M332S 型数控中走丝线切割机床的使用方法

M332S 型数控中走丝线切割机床是结合自动控制及计算机技术设计的机电一体化产品,如图 4-33 所示,它通过一根钼丝作为电极,利用高频脉冲电源,对工件进行放电,在高温、高压下使金属熔化或气化,从而达到加工的目的。

图 4-33 M332S 型数控中走丝线切割机床

机床的机械部分主要由床身、工作台、立柱线架、走丝装置、工作液装置、机床电器部分组成。机床采用整体 C 形结构设计、床身采用三点支撑,X、Y 轴行程采用全支撑,运动精度相当于国产慢丝机床。机床采用 X、Y 轴数字式交流伺服驱动、光栅全闭反馈控制,并具有反向间隙及螺距补偿功能,控制精度小于 0.005 mm。

另外,机床配备了基于 Windows XP/Windows 7 的中走丝数控软件,该软件可以实现以下功能:四轴联动运动控制,采用高性能运动控制卡 PCI 总线接口可以实现高速运行;支持图形驱动自动编程,用户无须编写代码,只需要对加工图形设置加工工艺便可进行加工。

中走丝数控软件的特性如下:

(1) 多种加工方式可灵活组合加工(连续、单段、正向、逆向、倒退等加工方式)。

(2) 实时监控线切割加工机床 X、Y、U、V 四轴的加工状态。

(3) 可以加工预览,加工进程可实时显示;加工时可以进行三维跟踪显示,可放大、缩小观看图形,也可从主视图、左视图、俯视图等多角度观察加工情况。

(4) 可进行多次切割。

(5) 锥度工件的加工采用四轴联动控制技术,可以方便地进行上下异型面加工,使复杂锥度图形的加工变得简单而精确。

(6) 具有自动报警功能,可在加工完毕或故障时自动报警。

(7) 加工结束自动关闭高频脉冲电源、储丝筒及水泵。

M332S 型数控中走丝线切割机床的操作与使用方法如下：

1) 机床操作前的准备工作

(1) 接通电源,使机床空运行,观测其工作状态是否正常。主要内容包括：数控柜应运行 10 min 以上,机床各部件的运动应正常工作,手控盒机床电气工作正常,各行程开关的触点动作灵敏。

(2) 编制程序

向机床输入程序的方法很多,其中最基本的方法包括以下步骤：根据加工图纸要求,计算各点坐标值,编制程序；在显示器上校对,对形状复杂的重要工件可试切一件校对。

(3) 调试 Z 轴的高度

根据工件的厚度调整 Z 轴的高度,一般从上喷水嘴到零件表面的距离为 10 mm。

(4) 检查工作台

按下数控柜键盘上控制伺服电动机的按键,检查工作台运动是否灵活,反应是否灵敏。

(5) 装夹工件

将工件放在专用夹具上,根据加工范围及工件形状确定工件的位置,用压板及螺钉固定工件。对加工余量较小或有特别要求的工件,必须精确调整工件与拖板纵横方向的平行性,记下 X、Y 的坐标值。

(6) 穿丝及张丝

将张紧的钼丝整齐地绕在储丝筒上,因钼丝具有一定的张力,可使上下导轮间的钼丝具有良好的平直度,确保加工精度和粗糙度,所以,加工前应检查钼丝的张紧程度。

加工内封闭孔(如凹模、卸料板、固定板等)时,需选择合理的切入部位,工件上应预置穿丝孔,钼丝通过上导轮经过穿丝孔,再经过下导轮后固定在储丝筒上。此时应记下工作台纵横向起始点的值(X、Y 的坐标值)。

(7) 校正钼丝的垂直度

一般的校正方法是在校直器与工作台面之间放一张平整的白纸,使校直器在 X、Y 方向采用光透方法校正垂直度,如 X、Y 方向上下光透一致即垂直。

2) 加工时的顺序及操作步骤

(1) 按下电源开关,接通电源,开机。

(2) 按加工程序输入数控柜。

(3) 运丝。按下运丝开关,让电极丝空运转,检查电极丝的抖动情况和松紧程度。若电极丝过松,则应充分且用力均匀地紧丝。

(4) 开水泵、调整喷水量。开水泵时,应先把调节阀调至关闭状态,然后逐渐开启,调节至上下喷水柱使其包住电极丝,水柱射向切割区即可,水量应适中。

(5) 开脉冲电源,选择电参数。应根据工件对切割效率、精度、表面粗糙度的要求选择最佳的电参数。电极切入工件时,设置比较小的电参数,待切入后及稳定时更换电参数,使加工电流满足要求。由于钼丝在加工过程中会因损耗逐渐变细,因此,在加工高精度工件时应先确认钼丝偏移量的准确性。

(6) 进入加工状态,观察电流表在切割过程中指针是否稳定,若不稳定应精心调节,切忌短路。

3) 加工结束顺序

停机时,应先关工作液泵,稍停片刻再停运丝系统。全部加工完成后须及时清理工作台及夹具。

4.2.4 实验内容和步骤

1. 设计微位移定位平台

(1) 选择压电驱动器,测试压电驱动器在负载下的电压位移特性,将数据填入表格,并进行处理。

(2) 选择柔性铰链的三个参数,计算其刚度。

(3) 设计放大机构。

(4) 根据要求,综合考虑布局和结构尺寸,初步完成位移定位平台的设计,再通过 SolidWorks 软件进行建模和有限元分析,完善设计。

2. 加工微位移定位平台

1) 开机

在启动 M332S 型数控中走丝线切割机床之前,首先确定机床与计算机的所有连接正常,然后打开电源,计算机将自动启动。启动完毕,进入 NSC-WireCut 数控系统。

2) 机床回零,确定机械原点

选择手动功能中的选择原点功能。设置好回零方式后,单击"开始"按钮,机床将自动回到机械原点,并且校正系统坐标。

注意:如果确认当前位置正确,也可以不执行此操作。

3) 打开并加载加工文件

单击工具栏中的"打开并加载加工文件"图标,将弹出 Windows 标准的文件操作对话框,可以从中选择要打开文件所在的路径及文件名。

单击"打开"按钮后,加工轨迹就载入系统。此时,可以在"加工代码"显示窗口中查看当前加工文件,以及在"加工图形"显示窗口中查看加工图形。

如果没有预先保存加工文件,则需要重新绘制,单击"绘图"图标打开 CAD-CAM 系统进行图形绘制及轨迹的生成,轨迹完成后,在后处理中对轨迹文件进行保存,然后回到 NSC-WireCut 控制软件中进行加工文件的打开及加载。

4) 手动操作

移轴:选择手动功能中的移轴功能,可以对机床进行自动移轴操作,或直接使用电子手轮进行手动移轴。

对边操作:可以实现工件中的碰边操作。

对中操作:可以实现工件中型腔的对中操作。

5) 确定工件原点

加工文件中的坐标原点就是工件原点,在加工之前,需要把该位置同实际位置联系起来,主要有两种方法:

(1) 通过移轴功能,手动使机床各轴走到工件上希望的原点位置。

(2) 选择对边功能,系统在自动找到边或中心的时候,会把相应的 X、Y 轴的坐标值清零。

这样在执行加工文件时就可以当前位置为起始点进行加工。

6）加工参数的设置

在开始加工前，必须设置必要的加工参数，可在参数功能中选择合适的电参数或机床参数进行设置。

7）执行加工

加工指机床按所选加工文件自动进行加工，单击"加工"按钮进入加工工序。在设置合适的运动模式后，单击运动控制区的"开始"按钮开始加工。在自动加工过程中，如需暂停加工，则单击加工控制区的"停止"按钮停止运动。

注意事项：

（1）开始时，特别应注意先开运丝系统，后开工作液泵，以避免工作液浸入导轮轴承内。

（2）在自动加工过程中，如遇紧急情况，请按下机床电柜上的"急停"按钮。

（3）停机时，应先关工作液泵，稍停片刻再停运丝系统。

3. 微定位平台的实验验证

选择合适的测量仪器及设备，搭建微位移定位平台实验测试系统，对微位移定位平台的输出位移特性进行测试，记录相关的数据，进行分析并检验设计。

4.2.5 实验报告要求

撰写实验总结报告1份，主要包括以下内容：

（1）明确本次实验的目的和要求。

（2）简述柔性放大机构的放大原理。

（3）写出实验设备、仪器。

（4）写出实验的完成过程，包括记录的数据、三维建模及有限元分析结果。附上微定位平台图纸1套、加工出的实物1件。

4.2.6 思考题

（1）杠杆式柔性铰链机构、Scott-Russell机构、桥式柔性铰链机构的优、缺点分别是什么？

（2）比较柔性铰链机构和传统机构的区别。

（3）快、慢及中走丝线切割加工各有什么特点？

自测题4

参 考 文 献

[1] 张世昌,张冠伟.机械制造技术基础[M].3版.北京:高等教育出版社,2022.
[2] 李凯岭.机械制造技术基础:3D版[M].北京:机械工业出版社,2018.
[3] 卢秉恒.机械制造技术基础[M].4版.北京:机械工业出版社,2018.
[4] 冯文杰.机械工程基础实验教程[M].重庆:重庆大学出版社,2007.
[5] 房海蓉,李建勇.现代机械工程综合实践教程[M].北京:机械工业出版社,2006.
[6] 常秀辉,李宗岩.机械工程实验综合教程[M].北京:冶金工业出版社,2010.
[7] 陈磊.机械工程实验[M].北京:人民邮电出版社,2009.
[8] 秦荣荣,陈晓华,寇尊权.机械工程综合实验[M].3版.北京:中国质检出版社,2018.
[9] 费业泰.误差理论与数据处理[M].7版.北京:机械工业出版社,2017.
[10] CAD/CAM/CAE技术联盟.ANSYS 15.0有限元分析从入门到精通.北京:清华大学出版社,2016.